U0254541

石油工程技能培训系列教材

带压作业

胡尊敬 主编

中国石化出版社

内 容 提 要

《带压作业》为《石油工程技能培训系列教材》之一。带压作业是油气田高质量开发的一项新兴井下作业技术，本教材参照了最新颁布的行业标准，以及国外带压作业的推荐做法，以带压作业理论为基础，带压作业设备、常用施工工艺为主线，结合现场生产，重点对设备维护、安全保障做了详细讲解，并就设备拆装、调试与试压、带压起下管柱、坐悬挂器等常见项目的操作步骤、技术要求和注意事项做了详细描述，具有较强的先进性和实操性。

本教材为井下作业技能操作人员技能培训必备教材，也可作为相关专业大中专院校师生的参考教材。

图书在版编目（CIP）数据

带压作业 / 胡尊敬主编 . —北京：中国石化出版社，2023.8
ISBN 978-7-5114-7211-3

Ⅰ. ①带… Ⅱ. ①胡… Ⅲ. ①堵漏—技术培训—教材
Ⅳ. ① TB42

中国国家版本馆 CIP 数据核字（2023）第 150006 号

中国石化出版社出版发行

地址：北京市东城区安定门外大街58号
邮编：100011 电话：（010）57512500
发行部电话：（010）57512575
http://www.sinopec-press.com
E-mail：press@sinopec.com
北京富泰印刷有限责任公司印刷
全国各地新华书店经销

＊

787 毫米 ×1092 毫米 16 开本 8.5 印张 176 千字
2023 年 9 月第 1 版 2023 年 9 月第 1 次印刷
定价：48.00 元

《带压作业》编审人员

主　编：胡尊敬

编　写：张　平　李　超　范玉斌　葛　洪

　　　　张建党　隋　东　王兴东　王俊军

审　稿：卢云霄　秦钰铭　尤春光　王国防

　　　　吴志民　廖　雄　窦　刚

序
PREFACE

习近平总书记指出："石油能源建设对我们国家意义重大，中国作为制造业大国，要发展实体经济，能源的饭碗必须端在自己手里。"党的二十大报告强调："深入推进能源革命，加大油气资源勘探开发和增储上产力度，确保能源安全。"石油工程是油气产业链上不可或缺的重要一环，是找油找气的先锋队、油气增储上产的主力军，是保障国家能源安全的重要战略支撑力量。随着我国油气勘探开发向深地、深海、超高温、超高压、非常规等复杂领域迈进，超深井、超长水平段、非常规等施工项目持续增加，对石油工程企业的核心支撑保障能力和员工队伍的技能素质提出了新的更高要求。

石油工程企业要切实履行好"服务油气勘探开发、保障国家能源安全"的核心职责，在建设世界一流、推进高质量发展中不断提高核心竞争力和核心功能，迫切需要加快培养造就一支高素质、专业化的石油工程产业大军，拥有一大批熟练掌握操作要领、善于解决现场复杂疑难问题、勇于革新创造的能工巧匠。

我们组织编写的《石油工程技能培训系列教材》，立足支撑国家油气产业发展战略所需，贯彻中国石化集团公司人才强企战略部署，把准石油工程行业现状与发展趋势，符合当前及今后一段时期石油工程产业大军技能素养提升的需求。这套教材的编审人员集合了中国石化集团公司石油工程领域的高层次专家、技能大师，注重遵循国家相关行业标准规范要求，坚持理论与实操相结合，既重理论基础，更重实际操作，深入分析提炼了系统内各企业的先进做法，涵盖了各相关专业（工种）的主要标准化操作流程和技能要领，具有较强的系统

1

性、科学性、规范性、实用性。相信该套教材的出版发行，能够对推动中国石化乃至全国石油工程产业队伍建设和油气行业高质量发展产生积极影响。

匠心铸就梦想，技能成就未来。希望生产一线广大干部员工和各方面读者充分运用好这套教材，持续提升能力素质和操作水平，在新时代新征程中奋发有为、建功立业。希望这套教材能够在实践中不断丰富、完善，更好地助力培养石油工程新型产业大军，为保障油气勘探开发和国家能源安全作出不懈努力和贡献！

中石化石油工程技术服务股份有限公司

董事长、党委书记

2023 年 9 月

前言
FOREWORD

  技能是强国之基、立业之本。技能人才是支撑中国制造、中国创造的重要力量。石油工程企业要高效履行保障油气勘探开发和国家能源安全的核心职责，必须努力打造谋求自身高质量发展的竞争优势和坚实基础，必须突出抓好技能操作队伍的素质提升，努力培养造就一支技能素养和意志作风过得硬的石油工程产业大军。

  石油工程产业具有点多线长面广、资金技术劳动密集、专业工种门类与作业工序繁多、不可预见因素多及安全风险挑战大等特点。着眼抓实石油工程一线员工的技能培训工作，石油工程企业及相关高等职业院校等不同层面，普遍期盼能够有一套体系框架科学合理、理论与实操结合紧密、贴近一线生产实际、具有解决实操难题"窍门"的石油工程技能培训系列教材。

  在中国石化集团公司对石油工程业务进行专业化整合重组、中国石化石油工程公司成立10周年之际，我们精心组织编写了该套《石油工程技能培训系列教材》。编写工作自2022年7月正式启动，历时一年多，经过深入研讨、精心编纂、反复审校，于今年9月付梓出版。该套教材涵盖物探、钻井、测录井、井下特种作业等专业领域的主要职业（工种），共计13册。主要适用于石油工程企业及相关油田企业的基层一线及其他相关员工，作为岗位练兵、技能认定、业务竞赛及其他各类技能培训的基本教材，也可作为石油工程高等职业院校的参考教材。

  在编写过程中，坚持"系统性与科学性、针对性与适用性、规范性与易读性"相统一。在系统性与科学性上，注重体系完整，整体框架结构清晰，符合内在逻辑规律，其中《石油工程基础》与其他12册教材既相互衔接又各有侧重，整套教材紧贴技术前沿和现场实践，体现近年来新工艺新设备的推广，反映旋转导向、带压作业等新技术的应用等。在针对性与适用性上，既有物探、钻井、测录井、井下特种作业等专业领域基础性、通用性方面的内容，也凝练了各企业、各工区近年来摸索总结的优秀操作方法和独门诀窍，紧贴一线操作实际。在规范性与易读性上，注重明确现场操作标准步骤方法，保持体例格式规范统一，内容通俗易懂、易学易练，形式喜闻乐见、寓教于乐，语言流畅简练，符合一线员工"口味"。每章末尾还设有"二维码"，通过扫码可以获取思维导图、思考题答案、最新修订情况等增值内容，助力读者高效学习。

为编好本套教材，中国石化石油工程公司专门成立了由公司主要领导担任主任、班子成员及各所属企业主要领导组成的教材编写工作指导委员会，日常组织协调工作由公司人力资源部牵头负责，各相关业务部门及各所属企业人力资源部门协同配合。从全系统各条战线遴选了中华技能大奖、全国技术能手、中国石化技能大师获得者等担任主编，并精选业务能力强、现场经验丰富的高层次专家和业务骨干共同组成编审团队。承担13本教材具体编写任务的牵头单位如下：《石油工程基础》《石油钻井工》《石油钻井液工》《钻井柴油机工》《修井作业》《压裂酸化作业》《带压作业》等7本由胜利石油工程公司负责，《石油地震勘探工》和《石油勘探测量工》由地球物理公司负责，《测井工》和《综合录井工》由经纬公司负责，《连续油管作业》由江汉石油工程公司负责，《试油（气）作业》由西南石油工程公司负责。本套教材编写与印刷出版过程中得到了中国石化总部人力资源部、油田事业部、健康安全环保管理部等部门和中国石化出版社的悉心指导与大力支持。在此，向所有参与策划、编写、审校等工作人员的辛勤付出表示衷心的感谢！

编辑出版《石油工程技能培训系列教材》是一项系统工程，受编写时间、占有资料和自身能力所限，书中难免有疏漏之处，敬请多提宝贵意见。

编委会办公室

2023 年 9 月

目录
CONTENTS

第一章

概述

PART

油水井在采油、注水的过程中，因地层出砂、出盐，造成地层掩埋、泵砂卡、盐卡，或因管柱结蜡、封隔器失效、油管和抽油杆断脱、管柱遇卡、套管损坏等种种原因，使油水井不能正常生产。井下作业是指在油气田开发过程中，根据油气田调整、改造、完善、挖潜的需要，按照工艺设计要求，利用一套地面和井下设备、工具，对油、水井采取各种井下技术措施，达到提高注采量，改善油层渗流条件及油、水井技术状况，提高采油速度和最终采收率的目的。其主要分为修井作业、试油（气）作业、压裂酸化作业、连续油管作业、带压作业等，其中带压作业是油气田高质量开发新兴井下作业技术。

第一节　专业简介及应用范围

一　简介

带压作业是指在油气水井井口带压状态下，利用专业设备和工具在井筒内进行的作业。国外通常将带压作业称为不压井作业。以下称不压井作业为带压作业，不压井作业机称为带压作业机。

带压作业具有不压井、不放喷、不泄压，可避免油气层污染、保持地层能量、缩短作业周期、零污染等优点，有利于节能减排、稳定单井产量，广泛应用于油气水井的完井、修井、压裂酸化、隐患治理等，是国内近年来大力推广的一项新技术。带压作业的关键技术是控制油管内和油套环形空间的压力以及克服管柱的上顶力，即通过堵塞器等工具控制油管内压力；通过防喷器组控制油管与套管环空的压力；通过液缸及卡瓦组对管柱施加外力，克服井内流体对管柱的上顶力，实现管柱带压起下。

二　应用范围

带压作业主要包括修井、完井、射孔、压裂酸化、抢险及其他特殊作业等内容。

第二节　技术特点

与传统的压井作业或泄压作业技术相比，带压作业的优势在于它能够最大限度地实现对油气层和环境的保护，有利于油气水井修复后的稳产和提高注水效率。

①保护产层，避免地层污染。油田开发到中后期，存在注采不平衡、地层亏空、漏失严重的问题。常规作业采取堵漏、循环洗压井施工，造成储层通道堵塞污染。采用带压作业技术，避免修井液造成的油气层颗粒堵塞，水化膨胀等伤害，为油气田的长期开发和稳定生产提供良好的基础。

②保持地层能量，改善开发效果。常规修井通常采用泄压作业，影响周边采油气井甚至整个区块压力平衡。注水井带压作业不需要停注泄压、压井等，可直接完成修井作业，既大大缩短施工周期，又保持地层压力，稳定采油气井单井产量，延长油气井的生产周期，改善开发效果。

③减少作业投资，降低综合作业成本。油气水井带压作业，减少压井液的投入以及返排液的处理等费用。采用带压作业仅一次性投入，降低综合作业成本。

④无须泄压及压井，缩短作业周期。注水井泄压作业周期长，特别是低渗透油田开发，泄压周期一般为2~6个月。采用带压作业无须泄压或压井作业，可缩短作业周期。

⑤安全环保，绿色作业。邻近江河、村屯、自然保护区的油水井环保要求严格，常规修井作业不能满足环保要求。带压作业能够实现安全环保、绿色作业。

⑥带压完井，保障非常规气藏有效开发。页岩气、页岩油、致密油气、煤层气等非常规油气井大规模压裂后，易造成地层漏失，排液不彻底、不迅速等，影响油气井生产。采用带压作业下入完井管柱，延长油气井的生产周期。

第三节　发展历程及应用现状

一　发展历程及应用

（一）国外发展历程

1929 年，HerbertC Otis 提出了"不压井作业"理念，采用一静一动双反向卡瓦组固定油管，通过钢丝绳和绞车起下油管。1960 年，CiceroC Brown 发明了液压作业设备，用于控制油管的起下，带压作业机成为独立于钻机或修井机的一套专用装备。1981 年，塞纳博科（Snubco）创始人 Al Vallet 和 Brian Chappell 发明了第一台集成车载式液压带压作业机，提升了带压作业机机动性。为适应海上作业，20 世纪 90 年代后开发了模块化的橇装设备。2005 年，塞纳博科（Snubco）发明了第一台具有安全智能操作系统的带压作业机。

早期的不压井作业装置一般采用自封头密封管柱和套管之间的环形空间，工作压力较低（≤ 21MPa）。目前带压作业装置多采用闸板防喷器或环形防喷器来保证管柱与套管环形空间的密封。

目前，带压作业机向自动化、智能化、一体机方向发展。

①向系列化、模块化、标准化方向发展，提高了安装效率和施工效率。

②向高性能、高可靠性、高安全性方向发展，应用高性能防喷器（20000psi 约 140MPa）、高压环形防喷器胶芯，胶芯的使用寿命更长，可靠性更高。

③向智能化方向发展，采用自动控制系统，实现数据自动采集。

④向高适应性方向发展，开发了大吨位海洋带压作业装置和迷你轻便型带压作业装置，实现效益最大化。

（二）国内发展历程

国内开展带压作业机起步较晚。20 世纪 70—80 年代，原四川石油管理局钻采工艺研究院分别研制了用于钻井抢险的 BY30-2 起下钻装置和用于修井的 BY15 型不压井起下钻装置，举升力和下压力分别只有 30t 和 15t。2001 年，辽河油田自主研发了一套压力等级为 7MPa 的水井带压作业装置。为满足国内带压作业需求，自 2007 年起，川庆钻探、新疆油田、大庆油田陆续从加拿大、美国引进 70K、150K、170K、225K、340K 系列带压作业机 10 余套。

目前，国内带压作业装备制造公司主要有宝石机械、渤海装备、华北荣盛、任丘铁虎、四机公司、盐城大冈、烟台杰瑞、胜利油田孚瑞特等，能够生产辅助式、独立式等多种型号的带压作业机。

二　国内外应用现状

（一）国外应用现状

带压作业技术在国外经历了 90 多年的发展，应用于陆地油气井和海上平台，作业范围广。美国、加拿大等地区普遍采用带压作业技术，最高施工压力为 106.8MPa，最高 H_2S 施工含量 45%，最高作业深度 8189m，应用范围主要包括：

①带压下套管、尾管、单油管或双油管等完井作业。

②带压辅助分层压裂、酸化连续施工作业。

③带压下入、回收封隔器、桥塞及其他井下工具，带压冲砂、打捞、磨铣、清蜡等修井作业。

④带压欠平衡钻井、侧钻、射孔以及应急抢险等。

（二）国内应用现状

目前，油水井带压作业已陆续在辽河油田、吉林油田、胜利油田、中原油田、长庆油田、新疆油田等油田使用。气井带压作业主要应用于中国石化涪陵、中国石油长宁—威远等页岩气产业区。

应用范围主要包括：带压下完井管柱、带压射孔、带压起下管柱、带压冲砂、带压打捞、带压钻磨铣及带压分层压裂等。

第四节　专业术语

①额定举升载荷：带压作业机在规定的设计安全系数下进行带压作业时允许承受的最大举（提）升载荷。

②额定下压载荷：带压作业机克服井筒内管柱（钻具、工具）上顶力、防喷器和井内管柱的摩擦阻力时能够提供的最大下压载荷。

③轻管柱：管柱在井筒内的自重小于管柱截面力的管柱。

④重管柱：管柱在井筒内的自重大于管柱截面力的管柱。

⑤管柱无支撑长度：油管在起下过程中，无扶正状态下，受轴向应力作用不发生塑性变形的最大长度。

⑥中和点（平衡点）：带压作业过程中，井下管柱在管柱自身重力、流体中的浮力、摩擦力及截面力的中和作用下，管柱横截面受力为零处即为中和点。

⑦工作防喷器组：带压作业起下管柱施工过程中实现动态密封井筒压力的防喷器组，由上、下两个单闸板半封防喷器、环形防喷器等部件组成。

⑧安全防喷器组：带压作业施工过程中保证井控安全的防喷器组，均为液压式防喷器，安装在工作防喷器组下部，须具备剪切、全封、半封等功能。

⑨平衡泄压管汇：用于平衡或释放工作防喷器内腔压力的管汇，由旋塞阀、单流阀、节流阀、高压管线、压力表等组成。

游动卡瓦：随液压举升缸升降，用于夹持管柱并可带动油管起下的装置。

⑪固定卡瓦：固定在井口设备上，用于夹持管柱的装置。

⑫堵塞器：封堵油管内液体、气体及其他介质的专用工具。

思考题

1. 简述带压作业的技术特点。

2. 简述带压作业应用范围。

3. 简述带压作业机发展方向。

4. 简述额定举升载荷的定义。

5. 简述中和点的定义。

扫一扫
获取更多资源

第二章

带压作业机

PART

带压作业机是实施全过程带压作业的重要保障，带压作业机具有举升下压功能、环空密封控制功能和旋转功能，环空密封控制功能控制环空压力，利用举升下压功能实现带压起下管柱作业，防止管柱上窜或下落，旋转功能可以实现钻磨及特殊工艺施工作业。

第一节　常见类型

一　国外常见机型及参数

　　目前，国外主要采用独立式带压作业机，一般以设备的举（提）升能力命名，国外常见带压作业机型及参数（表 2-1-1）。

表 2-1-1　国外常见机型及参数

公司	型号	通径 /mm	冲程 /m	最大举升力 /kN	最大下压力 /kN	转盘扭矩 /（kN·m）
哈里伯顿（Halliburton）	120K	103.2	3.0	520.1	267.0	3.0
	200K	179.4	3.0	884.6	457.9	6.5
	200K	279.4	3.0	884.6	457.9	13.5
	400K	279.4	3.0	1693.7	809.0	13.5
	600K	279.4	3.0	2578.3	1280.2	27.1
塞纳博科（Snubco）	70K	180	1.5	315	157.5	—
	120K	180	3.0	540	337.5	4.06
	170K	180	3.0	765	427.5	8.13
	225K	180	3.5	1012.5	508.5	13.55
	340K	280	3.5	1530	765	27.10
	460K	280	3.5	2070	900	40.65
国际带压作业服务（ISS）	120K	103.2	12.2	533.9	267.0	2.7
	150K	179.4	3.0	667.4	333.7	4.7
	225K	279.4	3.0	1001.1	523.2	5.4
	340K	279.4	3.0	1512.7	756.4	27.1
	460K	346.1	3.0	2046.6	1023.3	27.1
	600K	346.1	3.0	2669.5	1334.8	27.1

公司	型号	通径/mm	冲程/m	最大举升力/kN	最大下压力/kN	转盘扭矩/(kN·m)
海德瑞 （Hydra Rig）	HRL 120	203.2	11	534	267	4.06
	HRL 142	203.2	11	632	316	4.06
	HRS 150	203.2	3.05	667	294	3.80
	HRS 225	279.4	3.05	1020	534	6.78
	HRS 340	279.4	3.05	1513	837	8.95

二 国内常见类型

（一）分类

带压作业机按照结构形式一般分为辅助式和独立式。

①辅助式：依靠其他设备（修井机或钻机）的配合，辅助控制管（杆）运动和输送，完成带压作业的结构形式（图 2-1-1）。

②独立式：依靠自身的功能，能够独立完成带压作业的结构形式。根据具体结构的不同可分为吊臂式、集成式两种形式。

a. 吊臂式：依靠设备自身的吊臂总成（俗称桅杆总成），实现扶正和输送管（杆）功能的结构形式（图 2-1-2）。

b. 集成式：动力及控制系统与底盘车系统集成在一起，依靠设备自身的起升系统（井架、绞车、天车、游车、大钩、举升液缸、加压液缸、加压吊卡等）或其他举升系统实现管（杆）运动和输送功能的结构形式（图 2-1-3、图 2-1-4）。

（二）表示方法

带压作业机型号编制方法执行《石油天然气工业油气田用带压作业机》（SY/T 6731），额定举（提）升载荷用圆整后值（kN）的 1/10 表示。额定工作压力（MPa）以 7、14、21、35、70、105、140 压力等级表示。

示例：DYJ80/21F——额定提升载荷 800kN，额定工作压力 21MPa，辅助式结构带压作业机。

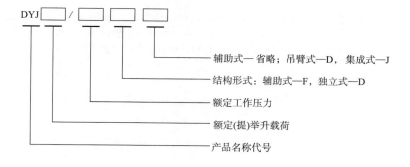

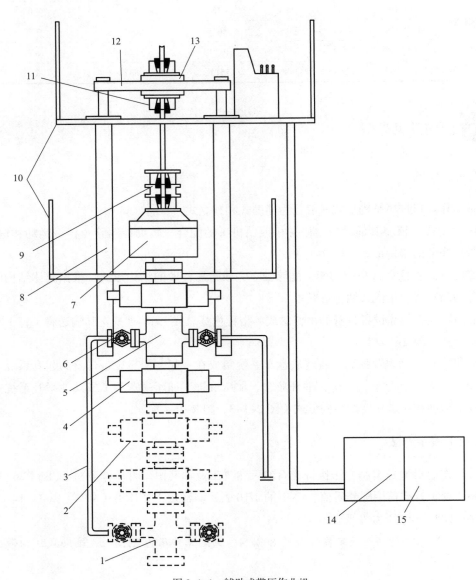

图 2-1-1　辅助式带压作业机

1—井口装置；2—安全防喷器组；3—阀连接管线；4—闸板防喷器；5—四通（三通）；6—阀；
7—环形防喷器；8—举升液缸；9—固定卡瓦组；10—平台及附件；11—游动卡瓦组；
12—举升液缸连接件；13—旋转系统；14—控制系统；15—动力系统

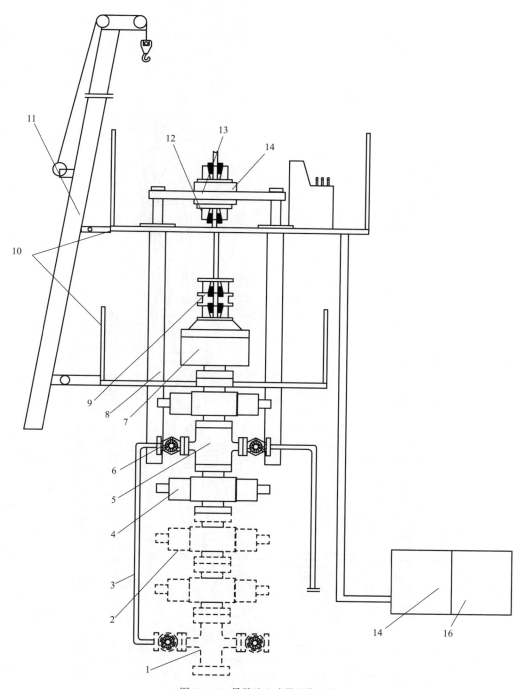

图 2-1-2　吊臂独立式带压作业机

1—井口装置；2—安全防喷器组；3—阀连接管线；4—闸板防喷器；5—四通（三通）；6—阀；
7—环形防喷器；8—举升液缸；9—固定卡瓦组；10—平台及附件；11—吊臂总成；12—游动卡瓦组；
13—举升液缸连接件；14—旋转系统；15—控制系统；16—动力系统

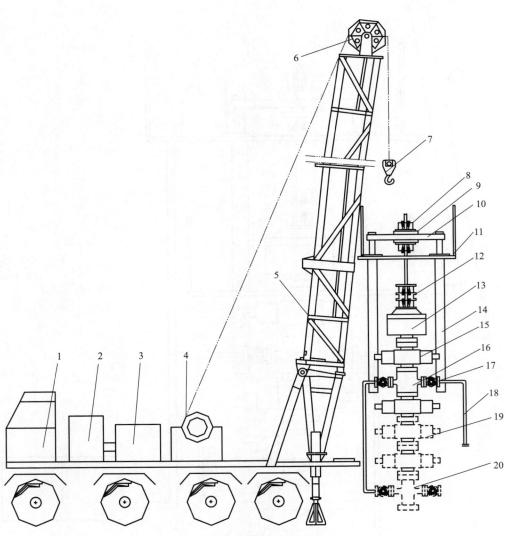

图 2-1-3　集成独立式带压作业机（一）

1—底盘车系统；2—动力系统；3—控制系统；4—绞车系统；5—井架；6—天车；7—大钩及连接件；
8—游动卡瓦组；9—旋转系统；10—举升液缸连接件；11—平台及附件；12—固定卡瓦组；
13—环形防喷器；14—举升液缸；15—闸板防喷器；16—四通（三通）；17—阀；
18—阀连接管线；19—安全防喷器组；20—井口装置

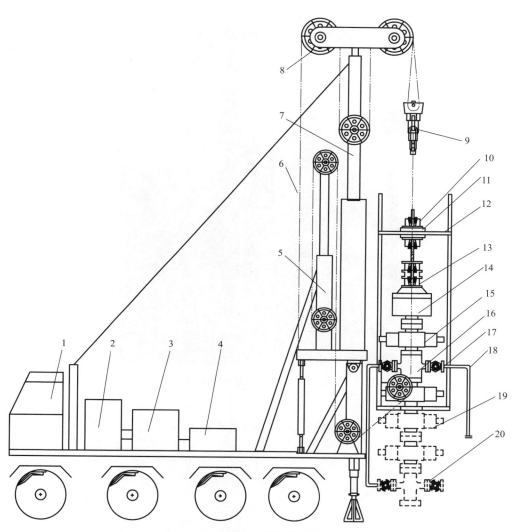

图 2-1-4　集成独立式带压作业机（二）

1—底盘车系统；2—动力系统；3—控制系统；4—储能系统；5—加压液缸；6—钢丝绳；7—举升液缸；
8—天车；9—加压吊卡；10—游动卡瓦组；11—旋转系统；12—平台及附件；13—固定卡瓦组；
14—环形防喷器；15—闸板防喷器；16—四通（三通）；17—阀；18—阀连接管线；
19—安全防喷器组；20—井口装置

（三）常见机型及参数

1. 辅助式带压作业机

国内辅助式带压作业机及其主要技术参数见图 2-1-5、表 2-1-2。

图 2-1-5　辅助式带压作业机

表 2-1-2　辅助式带压作业机主要技术参数

名称	参数
最大举升力 /kN	600
最大下压力 /kN	420
冲程 /mm	3300
通径 /mm	186
转盘形式	被动转盘
额定动密封 /MPa	21
适合井况，工作能力	适用于套内压力不大于 21MPa 的油水井

2. 独立式带压作业机

（1）集成独立式带压作业机

集成独立式带压作业机（图 2-1-6）是带压作业机和常规修井机集中在一起的一种带压作业设备，主要技术参数见表 2-1-3。

表 2-1-3　集成独立式带压作业机主要技术参数

名称	参数
最大举升力 /kN	600
最大下压力 /kN	360
冲程 /mm	3300
通径 /mm	186
转盘形式	液压转盘
转盘扭矩 /（kN·m）	2.4
额定动密封 /MPa	21
榄杆载荷（额定）/kN	60
适合井况，工作能力	适用于套内压力不大于 21MPa 油水井

图 2-1-6　集成独立式带压作业机

（2）吊臂独立式带压作业机

吊臂独立式带压作业机及其主要技术参数见图 2-1-7、表 2-1-4。

图 2-1-7　吊臂独立式带压作业机

表 2-1-4　吊臂独立式带压作业机主要技术参数

名称	参数
最大举升力 /kN	1130
最大下压力 /kN	650
冲程 /mm	3500
通径 /mm	180
转盘形式	液压转盘
转盘扭矩 /（kN·m）	8.4
额定动密封 /MPa	70
桅杆载荷（额定）/kN	20
适合井况，工作能力	适用于套内压力不大于 70MPa 油气水井

第二节　带压作业主机

　　带压作业机包括带压作业主机、井口防喷装置等，近年来，独立式带压作业机成为现场使用的主体机型之一，主机主要包括举升/下压系统、卡瓦系统、动力系统、液压控制系统、液压转盘、桅杆总成等（图 2-2-1）。

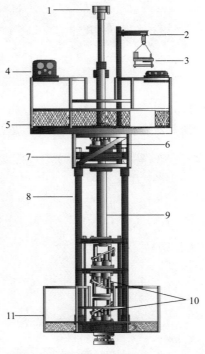

图 2-2-1　225K 独立式带压作业机示意图

1—桅杆；2—液压钳吊臂；3—液压钳；4—主操作台；5—工作平台；6—游动卡瓦组；
7—液压转盘；8—举升机（系统）；9—伸缩导管；10—固定卡瓦组；11—工作窗

一　举升／下压系统

举升／下压系统是带压作业机的主要执行机构，主要包括举升机液缸等。通过液缸上行／下放进行起下管柱，举升／下压系统是带压作业机的核心之一。液压缸示意图及225K独立式带压作业机液缸技术参数分别见图2-2-2和表2-2-1。

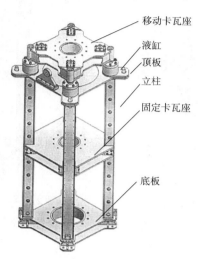

移动卡瓦座
液缸
顶板
立柱
固定卡瓦座
底板

图 2-2-2　液压缸示意图

表 2-2-1　225K 独立式带压作业机液缸技术参数

名称	技术参数
最大举升力 /kN	1020
带压下压能力 /kN	534
液缸行程 /m	3.05
液缸模式	2 或 4 缸模式

举升机液缸穿过立柱内孔，通过法兰与上基板连接。作业时利用液压系统实现举升机液缸的上下运动，从而带动游动卡瓦运动，倒出／下入油管和工具。

液缸上下均有液压缓冲结构，使油缸运动平稳。液缸升降速度可通过节流阀进行调节，当需要上升速度加快时，可通过操作液压差动阀实现差动，使液缸上油口的回油进入下油口，单位时间内进入活塞下方的油量会大大增加，提高了液缸上升速度。

二　卡瓦系统

卡瓦主要用于卡住管柱，分为游动卡瓦组和固定卡瓦组。承重卡瓦防止管柱落入井内，防顶卡瓦防止管柱飞出井口。带压作业设备一般常配4个卡瓦（2个承重卡瓦、2个防顶卡瓦）。在高压井施工过程中，通常增配1个防顶卡瓦。

游动卡瓦组包括游动承重卡瓦和游动防顶卡瓦（图 2-2-3），与固定卡瓦组配合，实现倒管柱动作。

固定卡瓦组包括固定防顶卡瓦和固定承重卡瓦（图 2-2-4），与游动卡瓦组配合，实现倒管柱动作。

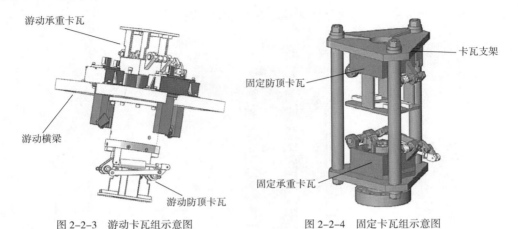

图 2-2-3　游动卡瓦组示意图　　　　　　图 2-2-4　固定卡瓦组示意图

（一）卡瓦的类型

带压作业卡瓦主要分为凯文斯（Cavins）型卡瓦、海德瑞（Hydra Rig）型卡瓦和万能卡瓦。

（二）结构与工作原理

1. 凯文斯（Cavins）型卡瓦

（1）结构

其主要包括壳体、连杆总成、液压缸总成等，凯文斯卡瓦结构示意图及参数分别见图 2-2-5 和表 2-2-2。

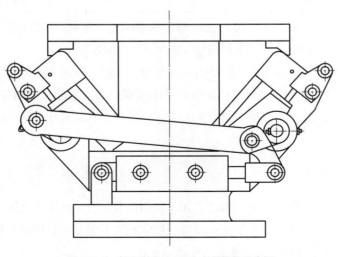

图 2-2-5　凯文斯（Cavins）卡瓦结构示意图

表 2-2-2 凯文斯（Cavins）卡瓦参数

型号	带压作业设备	额定载荷 /lbs	油管尺寸 /in
C	150K	165000	$1\sim5\frac{1}{2}$
CHD	225K/150K/170K	250000	$1\sim5\frac{1}{2}$
F	340K	340000	$2\frac{3}{8}\sim8\frac{5}{8}$
G	460K/600K	700000	$2\frac{3}{8}\sim13\frac{3}{8}$

（2）原理

当关闭卡瓦时，液缸活塞杆伸出，带动连杆向前伸出，左右卡瓦轴同时带动摇臂向卡瓦壳体内运动，摇臂将卡瓦座送入壳体锥面内，卡瓦关闭；打开卡瓦动作相反。卡瓦壳体采用锥面结构，载荷越大，卡得越紧；如果载荷较大，打开卡瓦时需要活动管柱转移载荷。

（3）特点

①优点是通径大，可以直接通过大尺寸工具串。

②缺点是采用连杆机构开关，同步性差。

2. 海德瑞（Hydra Rig）型卡瓦

（1）结构

其主要包括壳体、卡瓦座、侧门等。海德瑞225K卡瓦结构示意图及海德瑞卡瓦参数分别见图 2-2-6 和表 2-2-3。

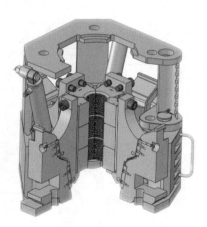

图 2-2-6 海德瑞（Hydra Rig）225K 卡瓦结构示意图

表 2-2-3 海德瑞（Hydra Rig）卡瓦参数

型号	带压作业设备	额定载荷 /lbs	油管尺寸 /in
350	150K SS	150000	$\frac{3}{4}\sim3\frac{1}{2}$
550	225K SS/150LS/170 RA	235000	$1\frac{1}{4}\sim5\frac{1}{2}$
762	340K SS	340000	$2\frac{3}{8}\sim7\frac{5}{8}$
962	460K SS	460000	$2\frac{3}{8}\sim9\frac{5}{8}$

（2）原理

当关闭卡瓦时，液缸活塞杆伸出，带动卡瓦座沿轨道下行，同时卡瓦座之间通过机械结构保证同步，打开卡瓦动作相反。

（3）特点

①卡瓦和卡瓦牙为双向结构，可用于承重也可用于防顶。

②优点是采用液缸直推、机械同步方式，同步性能高。

③缺点是卡瓦通径小，不能直接通过大尺寸工具串，卡瓦带有侧门，当需要通过大直径工具串时，卸掉侧门上的销轴，打开侧门，移出卡瓦，待工具串通过后再移回，关闭侧门并插入销轴。

3. 万能卡瓦

（1）结构

其主要包括油缸、闸板总成、活塞轴、侧门等。万能卡瓦结构示意图及参数分别见图 2-2-7 和表 2-2-4。

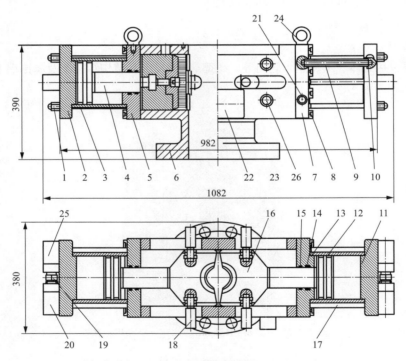

图 2-2-7　万能卡瓦结构示意图

1—螺母；2—左缸盖；3—油缸；4—活塞轴；5—左侧门；6—壳体；7—右侧门；8—内六角螺钉；9—油路管；10—O 形圈；11—右缸盖；12—Y 形密封圈；13—O 形圈；14—轴用 Yx 形密封圈；15—O 形圈；16—闸板总成；17—油缸连接螺栓；18—卡瓦体定位销；19—锁紧连接杆；20—左锁紧头；21—丝堵；22—铭牌；23—铆钉；24—吊环；25—右锁紧头；26—丝堵

表 2-2-4　万能卡瓦参数

型号	载荷 /kN	通径（无卡瓦牙）/mm	管柱尺寸 /in
WWN18–21/35	650	180	1~5½

带压作业

（2）原理

卡瓦液缸推动闸板体，卡瓦牙卡住管柱，卡瓦关闭，液缸压力越大，卡得越紧，卡瓦打开相反。

（3）特点

①卡瓦既可承重，也可以防顶，无须改变卡瓦方向，因此只需安装一组万能卡瓦即可。

②优点是通过液缸压力夹紧管柱，压力越大，夹紧力越大。

③缺点是载荷较小，会对管柱造成较深牙痕，一般只在注水井带压作业设备上使用。

三 动力系统

动力系统为带压作业机提供液压动力，主要包括发动机、液压源等。目前主要采用柴油机作为发动机，叶片泵或齿轮泵作为液压动力机构。

（一）发动机

柴油机为液压系统提供动力，根据不同使用情况选择不同功率的柴油机。同时根据现场不同防爆要求，可采用气启动和电启动。

（二）液压源

液压源主要包括液压泵、液压油箱、散热器、蓄能器及控制阀等。

①液压泵是液压系统的动力元件，是靠发动机或电动机驱动，从液压油箱中吸入油液，形成压力油排出，送到执行元件。液压泵按结构分为齿轮泵、柱塞泵、叶片泵和螺杆泵。

②液压油箱一般安装在动力系统内，在液压系统中除了储油外，还起着散热、分离油液中的气泡、沉淀杂质等作用。

③散热器一般分为水冷和风冷两种形式。液压系统中高温油流经液压油冷却装置，在换热器中与强制流动的冷空气进行高效热交换，降低至工作温度，确保主机连续正常运转。

④蓄能器安装在动力系统内，为卡瓦和环空密封系统提供动力，液压泵将压力油泵入蓄能器内储存。

⑤控制阀主要包括溢流阀、卸荷阀等。溢流阀是一种液压压力控制阀，在液压设备中主要起定压溢流作用，还起稳压、系统卸荷和安全保护作用。卸荷阀主要用于装有蓄能器的液压回路中，当蓄能器充液压力达到卸荷的设定压力时，它自动使液压泵卸荷。卸荷阀内装单向阀，用来防止蓄能器中的液压油倒流，此时，由蓄能器向系统供油并保持压力。当蓄能器中液压油压力降到卸荷阀的设定压力的 85% 左右时，卸荷阀关闭，液压泵恢复向蓄能器补充压力。

四　液压控制系统

液压控制系统，是通过阀门控制各执行机构的集成装置，所有控制阀都集成在操作台上，一般举升/下压控制系统和环空密封控制系统控制阀安装在一个操作台上，某些设备将举升/下压控制系统与环空密封控制系统分开独立操作，绞车控制系统采用单独操作台控制。

五　液压转盘

液压转盘由游动横梁和齿轮传动部分组成。通常游动卡瓦组安装在转盘上，不同的带压作业设备安装位置不同，液压转盘实现轻管柱或重管柱模式下旋转。液压转盘结构示意图及 225K 转盘技术参数分别见图 2-2-8 和表 2-2-5。

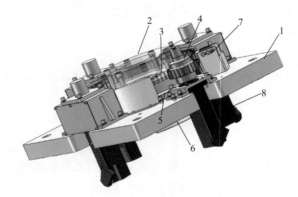

图 2-2-8　液压转盘结构示意图

1—游动横梁；2—顶盖；3—大齿轮；4—马达齿轮；5—衬套；6—转盘压盖；7—机械锁；8—转盘马达

液压转盘包括游动横梁、顶盖、大齿轮、马达齿轮、衬套、转盘压盖、机械锁、转盘马达等。

①游动横梁：作业时游动横梁是主要的承载件，选用高强度结构钢，满足承载需要，起到连接油缸、带动卡瓦升降/转动的作用。

②顶盖：安装在衬套上方与大齿轮连接，大齿轮与游动承重卡瓦连接，大齿轮的转动带动顶盖、压盖、游动卡瓦壳体的转动。

③大齿轮：与马达齿轮配合，带动游动承重卡瓦旋转。

④马达齿轮：与马达连接，带动大齿轮转动。

⑤衬套：与顶盖和压盖连接。

⑥转盘压盖：安装在衬套下方，与游动防顶卡瓦连接，压盖转动带动游动防顶卡瓦旋转。

⑦机械锁：不使用转盘时锁紧转盘，防止误操作。

⑧转盘马达：转盘上 4 个马达为液压摆线式马达，通过液压方式实现高低速两种工作模式。

—带压作业—

22

表 2-2-5　225K 转盘技术参数

参数名称	参数值
最大转速 /（r/min）	120
最大扭矩 /（N·m）	6780
锁定方式	机械锁定

六　桅杆总成

桅杆总成包括：桅杆、绞车、滑轮组、管线滑轨等，为独立式带压作业的专用设备（图 2-2-9、表 2-2-6）。

（一）桅杆

桅杆一般由两级伸缩臂组成，是绞车的安装载体，是起下管柱时的支撑臂。其功能是实现两级伸缩臂同时上升或下降、起下单根油管或工具、悬吊水龙带和带压作业水龙头，替代吊车和修井机。

桅杆上设计有机械锁死机构，当桅杆完全伸出后要用锁紧机构将其锁定，当要收回桅杆时要先打开锁紧机构，然后再操作桅杆收缩手柄。

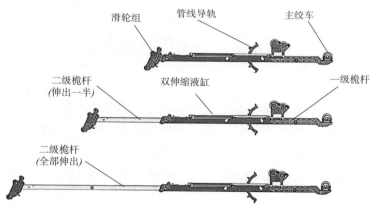

图 2-2-9　桅杆结构示意图

表 2-2-6　225K 桅杆技术参数

参数名称	参数值
型号	225K
额定载荷 /t	2
轻型绞车载荷 /t	1
重型绞车载荷 /t	2
伸出长度 /m	14.5

（二）液压绞车

液压绞车用于起下油管、工具等（图2-2-10），绞车分为平衡、普通两种工作模式。

①平衡模式可实现所吊装重物悬停、与举升机随动等功能，保证在作业时所吊装重物随举升机同步上下运动，有效避免举升机与绞车速度不同，防止钢丝绳乱绳。

②绞车的普通模式用于一般工况下，例如需要将油管、工具等物品起吊至操作平台，或将吊物从操作平台下放至地面。

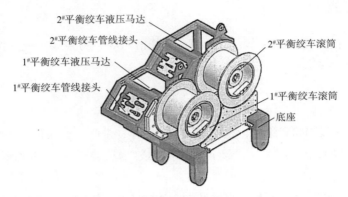

2#平衡绞车液压马达
2#平衡绞车管线接头
1#平衡绞车液压马达
1#平衡绞车管线接头
2#平衡绞车滚筒
1#平衡绞车滚筒
底座

图2-2-10　双平衡绞车结构示意图

第三节　井口防喷装置

带压作业井口防喷装置主要包括安全防喷器组、工作防喷器组和平衡泄压系统，实现带压作业过程中油套环空的密封控制。针对不同压力级别，对井口装置进行优化配置。

目前，两种井口装置配置方式，一是低压（压力＜21MPa）带压作业装置的基本配置（见图2-3-1），二是高压（压力≥21MPa）带压作业装置的基本配置（图2-3-2）。

一　安全防喷器组

安全防喷器组包括：全封闸板防喷器、半封闸板防喷器、卡瓦闸板防喷器（选配）、剪切闸板防喷器（选配）等（图2-3-3）。

（一）功能

与常规修井和钻井作业中使用的防喷器相同，一般用于井控应急关井和停止作业时的静密封。

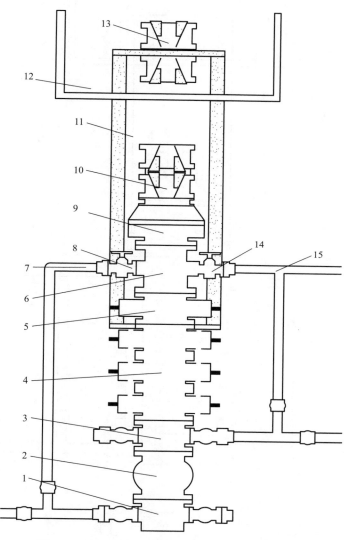

图 2-3-1　低压（压力＜21MPa）带压作业装置基本配置
1—套管座；2—21MPa 阀门（选配）；3—试压四通；4—安全防喷器组；5—下闸板防喷器；
6—平衡四通；7—平衡管线；8—平衡阀；9—环形防喷器；10—固定卡瓦组；11—液缸；
12—作业平台；13—游动卡瓦组；14—泄压阀；15—泄压管线

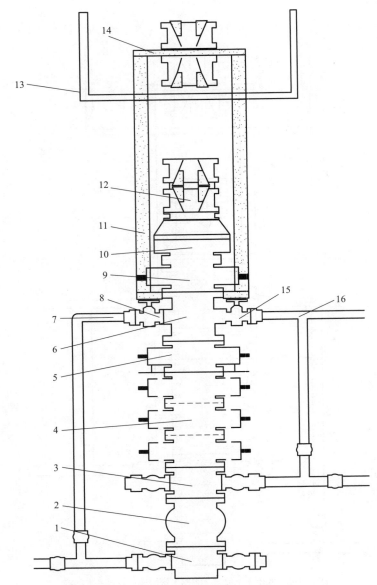

图 2-3-2　高压（压力 ≥ 21MPa）带压作业装置基本配置

1—套管座；2—35MPa 阀门（选配）；3—试压四通；4—安全防喷器组；5—下闸板防喷器；
6—平衡四通；7—平衡阀；8—平衡管线；9—上闸板防喷器；10—环形防喷器；11—液缸；
12—固定卡瓦组；13—工作平台；14—游动卡瓦组；15—泄压阀；16—泄压管线

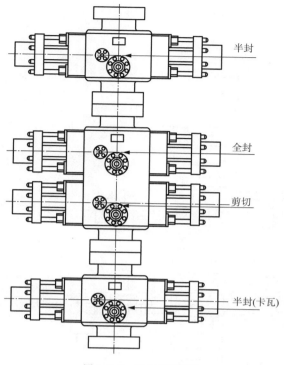

图 2-3-3 安全防喷器组

（二）配备要求

①安全防喷器组的压力等级不应小于施工井的最高地层压力。

②含有硫化氢等腐蚀性流体的井，安全防喷器组的组件应满足抗腐蚀要求。

③配备的防喷器壳体材质和密封橡胶材料的适用温度范围不低于防喷器工作的环境温度；安全防喷器组的通径应大于油管悬挂器的外径。

④安全防喷器组应具有锁紧功能。

⑤安全防喷器组至少应配备一套全封闸板防喷器和一套半封闸板防喷器。

⑥半封闸板防喷器闸板规格与井内管柱配套；为防止关井时井内管柱窜动，可配备卡瓦式闸板防喷器。

二　工作防喷器组

工作防喷器组一般包括：环形防喷器、上半封闸板防喷器、平衡/泄压四通、下半封闸板防喷器、升高法兰（选配）等（图 2-3-4）。

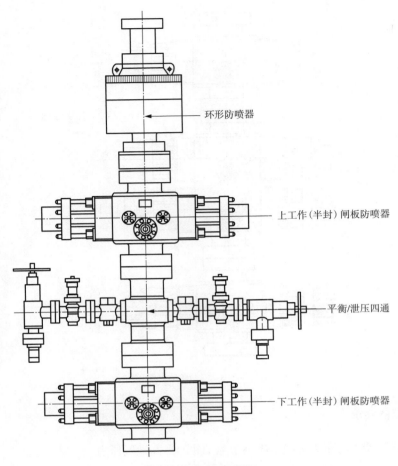

图 2-3-4　工作防喷器组

（一）功能

与安全闸板防喷器只能实现静密封不同，工作闸板防喷器可在带压起下管柱时，实现油套环空动密封。结合作业管柱尺寸、接箍类型、工作压力来选择环空压力控制方法，分为三种工作模式：直接通过环形防喷器起下管柱、环形防喷器＋闸板防喷器起下管柱、上工作（半封）闸板防喷器＋下工作（半封）闸板防喷器起下管柱。

（二）配备要求

①工作防喷器组的压力等级不低于最大关井压力。

②工作防喷器组的通径至少不应小于施工井的套管内径。

③含有硫化氢等腐蚀性流体的井，工作防喷器组的组件应满足抗腐蚀要求。

④井口压力小于 21MPa 的井，可配备一台半封闸板防喷器和一台环形防喷器（图 2-3-5）；起下管柱外壁带有电缆、液压管线等物体时，可配备两台环形防喷器［图 2-3-5（e）］。

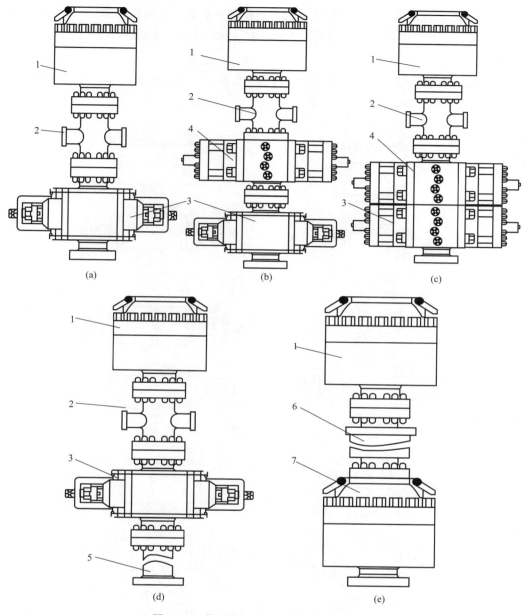

图 2-3-5 井口压力 < 21MPa 的工作防喷器组
1—环形防喷器；2—平衡/泄压四通；3—下工作（半封）闸板防喷器；4—全封闸板防喷器；
5, 6—升高法兰；7—下环形防喷器

⑤井口压力大于或等于 21MPa 的井，可配备两台半封闸板防喷器和一台环形防喷器（图 2-3-6）。

⑥在两个工作防喷器之间至少配备一个平衡/泄压四通，使其上、下的防喷器能建立压力平衡通道。

⑦起下带有电缆、液压管线、油管（或抽油杆）扶正器的管（或杆）柱时，应使用升高法兰代替平衡/泄压四通，但升高法兰应与液压缸行程一致。

⑧在起下大直径工具或不规则工具时，应配备升高法兰，升高法兰高度不应小于单个大直径或不规则工具的长度，且升高法兰安装位置不应影响液压缸行程［图2-3-5（d）（e）、图2-3-6（d）］。

⑨为满足油管传输射孔、打捞落物等特殊施工需要，还可配备一套全封闸板防喷器，配备位置分别如图2-3-5（b）（c）、图2-3-6（b）（c）所示。

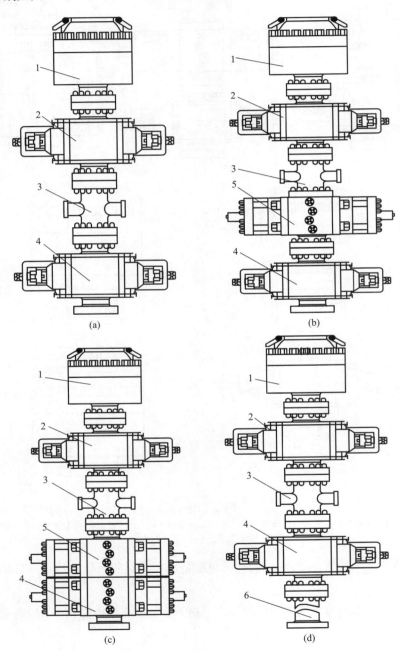

图2-3-6　井口压力≥21MPa的工作防喷器组

1—环形防喷器；2—上工作（半封）闸板防喷器；3—平衡／泄压四通；4—下工作（半封）闸板防喷器；5—全封闸板防喷器；
6—升高法兰

⑩闸板防喷器总成前密封应具有防磨性能，通常使用耐磨填料，主要分为卡洛克（Garlok）填料和超高分子量聚乙烯（UHWM）填料 2 种。

a. 卡洛克 (Garlok) 填料较软，一般用于 35MPa 以下防喷器。

b. 超高分子量聚乙烯（UHWM）填料主要用于高压防喷器，耐磨性好。UHWM 分为防旋转和普通两种类型（图 2-3-7）。

（a）防旋转超高分子量聚乙烯填料为矩形，使用过程中不会发生转动。

（b）普通超高分子量聚乙烯填料为半圆形，通过螺钉固定。

(a) 防旋转型　　　　　　　　(b) 普通型

图 2-3-7　超高分子量聚乙烯（UHWM）耐磨填料

三　平衡泄压系统

平衡泄压系统包括平衡阀、泄压阀、升高法兰等，主要用于起下工具串或管柱接箍时平衡或泄掉上、下工作闸板防喷器之间的压力（图 2-3-8）。

①平衡阀 / 泄压阀用于实现平衡 / 泄掉上、下工作闸板之间的压力，达到保护闸板防喷器胶件和工作人员的目的。

②升高法兰用于增加上、下工作闸板之间的距离，容纳尺寸较长的工具，亦可作为临时压井或节流通道。

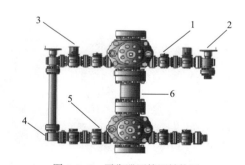

图 2-3-8　平衡泄压管汇结构图
1—手动泄压阀；2—节流阀；3—液动平衡阀；4—直角弯头；
5—手动平衡阀；6—升高法兰

思考题

1. 简述带压作业主机的组成。

2. 简述安全防喷器组的组成。

3. 简述 DYJ80/21F 带压作业机的含义。

4. 简述桅杆总成的组成。

5. 简述工作防喷器组的组成。

6. 简述动力系统的组成。

7. 简述液压转盘的组成。

扫一扫
获取更多资源

第三章

常用施工工艺

PART

带压作业施工工艺主要包括压力控制技术和施工工艺技术两部分，本章根据现场作业实际，介绍了压力控制技术、设备安装与调试、起下管柱作业、冲砂作业、打捞作业、钻（套、磨）铣作业、配合压裂作业等工艺的主要要点和工艺流程。

第一节　压力控制

一　油管内压力控制

油管内压力控制是带压作业核心技术之一，是指在带压作业过程中，采取机械堵塞或者化学堵塞的方式控制油管内流体外泄的技术。机械堵塞包括油管堵塞器、电缆桥塞、钢丝桥塞、单流阀、破裂盘、盲堵等。化学堵塞包括冷冻暂堵、液体桥塞等。

（一）控制工具

油管内压力控制工具是指能够实现隔离井内压力，防止井内流体从管柱内外泄的井下工具的统称。按解封方式分为不可打捞式和可打捞式，按与管柱连接方式分为预置式和投放式。

1. 不可打捞式油管内压力控制工具

通过钢丝投送、电缆投送、液压泵送等方式下到管柱预定位置形成油管内永久堵塞，不能再打捞回收。其主要有以下几种类型的堵塞器。

（1）滑块式油管堵塞器

1）结构及用途

主要由反扣安全接头、皮碗、滑块等部件构成（图3-1-1）。适用于井内管柱底部有缩径工具（台阶）的油水井，不适用于光管柱完井或管柱断脱的井。

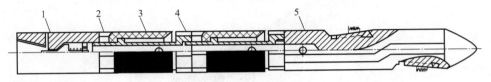

图3-1-1　滑块式油管堵塞器结构示意图
1—反扣安全接头；2—皮碗压盖；3—密封皮碗；4—密封皮碗接头；5—滑块本体

2）工作原理

堵塞器通过井口防喷管投掷或投送管柱下入井内预定位置后，打开井口阀门，堵塞器在井内压力作用下，滑块卡瓦牙沿轨道发生径向运动，轨道对滑块的径向力使卡瓦牙咬入管柱内壁，同时皮碗在其上、下压差作用下发生膨胀，封堵油管，实现堵塞器锁定油管。

3）注意事项

①根据井内管柱通径选择合适尺寸的油管堵塞器。

②使用前后应在滑道上涂润滑脂，卡瓦牙块必须完好且沿滑道滑动自如。

③堵塞器的卡瓦牙块不得有磨损、崩齿现象，使堵塞器与管柱壁锁定牢靠，防止堵塞器坐封后窜出。

④管柱底部必须有缩径工具（或台阶），防止堵塞器落井，形成井下落物。

（2）电缆桥塞

1）结构及用途

主要由剪切筒、过渡连杆、固定销钉、坐封压套、中心杆、棘轮锁环、一体式卡瓦牙、锥体、胶筒等组成（图3-1-2）。适用于油、气、水井的油管内压力控制。

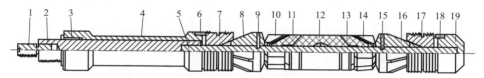

图 3-1-2　电缆桥塞结构示意图

1—剪切筒；2—过渡连杆；3—固定销钉；4—坐封压套；5—中心杆；6—上棘轮锁环；
7—上一体式卡瓦牙；8—上锥体；9—上坐封销钉；10—上保护背圈；11—上胶碟；
12—胶筒；13—下胶碟；14—下保护背圈；15—下坐封销钉；16—下锥体；
17—下一体式卡瓦牙；18—下棘轮锁环；19—背帽

2）工作原理

利用电缆作业将坐封工具和电缆桥塞下放到井内预定位置；地面控制坐封工具工作，对过渡连杆产生一个拉力，并迫使中心杆上移，坐封压套挤压一体式卡瓦牙和胶筒膨胀，密封并锁定油管。当坐封工具的拉力大于剪切筒的剪切强度时，剪切筒剪断，实现丢手。

3）注意事项

①油管桥塞堵塞施工前，应对管柱进行通径或刮削。

②严格控制桥塞下放速度，若有遇阻现象，应缓慢活动电缆，禁止猛烈冲击。

③桥塞坐封后，将坐封工具上提一定高度，然后放回，以确定桥塞是否坐封在正确的位置上，并做好试压，达到密封要求。

④天然气井试压合格后，宜在桥塞上方倒灰，防止桥塞上窜。

（3）智能式油管堵塞器

1）结构及用途

主要由卡瓦牙、锥体、胶筒、剪切销钉、工作筒、中心杆等组成。适用于封堵油水井井下工具以上的管柱，如注水管柱、压裂管柱和带泵管柱（图3-1-3）。

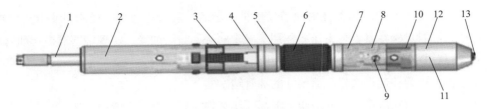

图 3-1-3　智能式油管堵塞器结构示意图

1—滑动连杆；2—卡瓦牙固定套；3—卡瓦牙；4—锥体；5—上压盖；6—胶筒；7—下压盖；
8—中心杆固定套；9—剪切销钉；10—中心杆限位套；11—工作筒；12—中心杆；13—丝堵

2）工作原理

智能式油管堵塞器可采用钢丝作业或自由投送方式下井至预定位置，当中心杆下端活塞受到井内的压力达到剪断销钉的剪切强度时，剪断销钉，中心杆活塞在工作筒内向下运动，迫使胶筒压缩；由于止退牙具有单向运动特性，保持胶筒始终处于压缩状态。堵塞器密封油管后，在截面力作用下，推动锥体卡瓦牙张开，咬合油管内壁。

3）注意事项

①堵塞器在下井前，应根据井口压力和管柱深度选取不同规格的剪切销钉，并检查卡瓦牙固定套和卡瓦牙活动情况。

②堵塞器坐封后，需要验封，如没有溢流，则堵塞器坐封合格。

（4）清垢式油管堵塞器

1）结构及用途

主要由胶筒、调偏接头、锚体、锚片和刮垢刀片等组成（图3-1-4）。适用于油管内有污物和结垢的井。

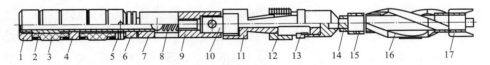

图 3-1-4　清垢式油管堵塞器结构示意图

1—上压盖；2—中心管；3—胶筒；4—中压盖；5—下压盖；6—背帽；
7—过渡接头；8—压缩弹簧；9—调偏上接头；10—调偏下接头；11—锚体；
12—锚片；13—限位；14—背帽；15—连接接头；16—刮垢刀片；17—刮垢刀

2）工作原理

在井口测试阀上安装防喷管，将清垢式油管堵塞器置入防喷管中，打开测试阀门及油管总阀门，用大于井内油管压力 3~5MPa 的泵压泵送堵塞器。在泵车产生的压差推动下，堵塞器刮垢刀片自行旋转清垢，同时部分液体通过单流阀对刀片刮下的垢屑冲洗，从而实现堵塞器下行通畅不受阻，到达预定位置。堵塞器胶筒在油管内上下压差作用下，膨胀密封，同时油管锚定器卡住油管内壁，阻止堵塞器上行，达到封堵油管的目的。

3）注意事项

①根据施工情况，选择合适的泵压。

②及时关注泵压变化，确定堵塞器是否到达预定位置。

③堵塞器坐封后，需要验封，如没有溢流，则堵塞器坐封合格。

（5）大变径油管堵塞器

1）结构及用途

主要由绳帽、配重棒、丢手部分、密封部分、卡瓦牙等组成（图3-1-5）。适用于过配水器后堵塞油管的井。

图3-1-5　大变径油管堵塞器结构示意图

1—绳帽；2—配重棒；3—丢手外套；4—丢手中心杆；5—防落剪钉；6—丢手弹簧；
7—丢手稳钉；8—弹性爪；9—弹簧；10—销轴；11—卡瓦牙；12—卡瓦牙簧；
13—胶筒；14—锥体；15—扶正簧；16—扶正体

2）工作原理

将钢丝压帽拧紧在大变径油管堵塞器接头上，通过钢丝作业投送匀速下井，到位后上提钢丝，大变径油管堵塞器上行弹性爪卡于油管连接处或配水器变径处，继续上提卡瓦牙张开，卡在油管内壁，同时压缩胶筒，当上提力达到设计值时，堵塞器完全密封，先下放再上提丢手，将钢丝及丢手头提出，堵塞完成。

3）注意事项

①钢丝投送时控制下放速度。

②堵塞器到达预定位置后，均匀施加上提力，防止丢手失败。

③堵塞器坐封后，需要验封，如没有溢流，则堵塞器坐封合格。

2. 可打捞式油管内压力控制工具

（1）可回收式油管桥塞

1）结构及用途

主要由连接头、打捞颈、上中心杆、解封锥套、止退体、卡瓦牙总成、密封胶件等组成（图3-1-6）。适用于油、气、水井的带压作业配合拖动压裂、丢手更换井口闸阀和带压作业油管堵塞等需要恢复油管通道的工艺施工。

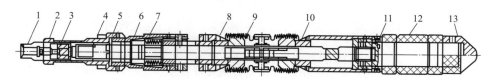

图3-1-6　可回收式油管桥塞结构示意图

1—连接头；2—打捞颈；3—剪钉；4—上中心杆；5—剪环；6—解封锥套；7—止退体；
8—上锥体；9—卡瓦牙总成；10—下锥体；11—下中心杆；12—密封胶件；13—锁帽

2）工作原理

电缆作业将带有油管桥塞的坐封工具下入井内，当油管桥塞下井至预定深度时，地面控制坐封工具工作，当连接头受到坐封工具产生的拉力时，上中心杆移动，使解封锥套下移至坐封位置，同时，带动下中心杆运动，依次引起剪环剪断、胶筒压缩、卡瓦牙总成扩张，进而使油管桥塞密封并锚定油管；随着坐封工具拉力的不断增加，剪钉被拉断，实现油管桥塞坐封并丢手。

打捞油管桥塞时，钢丝作业下入上击式卡瓦牙捞筒，捞获打捞颈，向上震荡卡瓦牙捞筒，解封锥套，使其上移至解封位置，止退体与上中心杆上的止退螺纹脱离，密封胶筒在弹力作用下收缩并带动卡瓦牙总成脱离油管壁，使桥塞解封。

3）注意事项

①桥塞堵塞施工前，应对管柱进行通径或刮削。

②电缆投送时控制下放速度。

③堵塞器到达预定位置后，均匀施加上提力。

④堵塞器坐封后，需要验封，如没有溢流，则堵塞器坐封合格。

（2）双向卡瓦钢丝桥塞

1）结构及用途

主要由投放打捞颈、防顶卡瓦牙、密封胶筒、坐封（解封）弹簧、调节螺帽等构成（图3-1-7）。适用于油、气、水井的带压作业配合拖动压裂、丢手更换井口闸阀和带压作业油管堵塞等需要恢复油管通道的工艺施工。

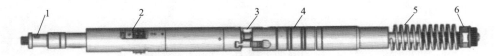

图 3-1-7　双向卡瓦牙钢丝桥塞结构示意图
1—投放打捞颈；2—防掉卡瓦牙；3—防顶卡瓦牙；4—密封胶筒；5—坐封（解封）弹簧；6—调节螺帽

2）工作原理

①坐封桥塞：采用钢丝作业将钢丝桥塞下入井内预定位置，上提钢丝利用惯力将丢手头甩开，坐封预紧弹簧打开；在弹簧弹力作用下，依次胀开防掉卡瓦牙、撑开防顶卡瓦牙、压缩密封胶筒，使堵塞器密封并锚定油管。

②解封桥塞：采用钢丝连接专用打捞器，打捞，上提钢丝即可捞出。

3）注意事项

①双向卡瓦牙钢丝桥塞下井前需用大于桥塞3mm以上的通径规通管，保证桥塞可以顺利下到预计位置。

②使用前后应在滑道上涂润滑脂，卡瓦牙必须完好且沿滑道滑动自如。

③卡瓦牙不得有磨损、崩齿现象，使桥塞与管柱壁锁定牢靠，防止桥塞坐封后窜出。

④堵塞器坐封后，需要验封，如没有溢流，则堵塞器坐封合格。

（3）高性能油管桥塞

1）结构及用途

主要由桥塞本体、锚定部分、解封部分和密封部分构成（图3-1-8）。适用于密封各种规格的油管，控制井内流体流量。

图 3-1-8　高性能油管桥塞结构示意图

1—桥塞本体；2—解封部分；3—锚定部分；4—密封部分

2）工作原理

高性能油管桥塞与配套的电缆坐封工具配合使用。电缆作业将油管桥塞下放至井内预定位置，启动地面点火装置，坐封工具工作，对投送杆产生一个上提拉力。当投送杆受到的上提拉力大于销钉的剪切强度时，坐封销钉被剪断。在坐封工具带动下，上卡瓦牙和光滑卡瓦牙被上、下坡道撑开，将油管桥塞锚定在油管内壁。中心管继续上行，密封胶皮被压缩胀开，密封油管。坐封工具的拉力不断增大，剪切筒被拉断，投送工具与桥塞分离。投送杆丢开中心管后，棘齿通过中心杆上的脊状棘齿阻止中心杆下移，保持桥塞始终处于坐封状态。钢丝作业时下入下击脱手的内打捞工具，捞获打捞头。上击打捞工具，剪断解封销钉，滑套相对滑套外壳上行，棘齿和楔块移开中心杆的脊状棘齿，中心杆下移，密封胶皮和卡瓦牙依次收缩，桥塞解封。

3）注意事项

①电缆投送前，核实桥塞在井下具体位置，使其避开油管接箍。

②坐封桥塞时应准确启动点火装置，确保坐封工具在 5s 至 5min 时间内完成油管桥塞坐封并丢手。

③桥塞坐封后上提电缆 10~20m，下放投送工具，确定桥塞坐封位置。

④坐封后应泄压验封。

⑤打捞上提工具过程中，若桥塞在接箍处遇卡，应缓慢上提钢丝，避免胶筒翻转；如果上提不动，可向下震击，使打捞工具脱离桥塞的打捞头。

（4）工作筒堵塞器

1）结构及用途

主要由锁紧芯轴和堵塞芯轴两部分构成（堵塞芯轴插入锁紧芯轴中）（图 3-1-9）。适用于在井下管柱中预装工作筒或循环滑套的油、气井，用于钢丝作业将堵塞器总成投放到井下预置的工作筒内，进行油管内压力控制。

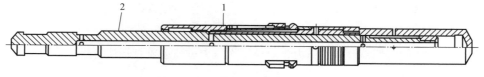

图 3-1-9　工作筒堵塞器结构示意图

1—锁紧芯轴；2—堵塞芯轴

2）工作原理

锁紧芯轴在下井前，回收颈和膨胀套处于上行运动位置，异型弹簧带动键块收拢缩回在套罩中。当锁芯随钢丝作业下入到井下预定沟槽位置时，回收颈和膨胀套下行，挤压键块向外膨胀，键块凸出的外圆表面锁在工作筒的键槽内。当锁芯处于锁紧状态时，向下插入密封芯轴，使插杆隔环正好位于锁芯的旁通孔处，插杆隔环上下方的一组密封圈密封锁芯的旁通孔，实现封堵功能。回收时，先起出密封芯轴，打开锁芯的旁通孔，平衡压力后，上提回收颈、膨胀套，带动键块缩回、解锁。

3）注意事项

①钢丝投送时，控制钢丝运行速度。

②堵塞器坐封后，需要验封，如没有溢流，则堵塞器坐封合格。

3. 预置式油管内压力控制工具

（1）泵下定压滑套

1）结构及用途

主要由支撑连杆、滑套体等组成（图3-1-10）。适用于油井带压下泵作业过程中密封泵以上的管柱。

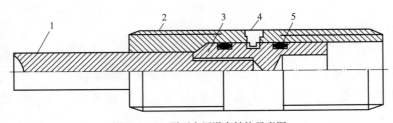

图 3-1-10　泵下定压滑套结构示意图
1—支撑连杆；2—滑套；3—滑套体；4—剪切销钉；5—O形密封圈

2）工作原理

泵下定压滑套在下井前，上端与管式抽油泵连接，并通过调节支撑连杆的支撑长度将固定阀支撑离开阀座，形成油管向泵下的压力传递通道；定压滑套的下端通过油管接箍与泵下尾管连接。在抽油泵下井过程中，由于定压滑套的滑套体的密封作用，阻止井内流体从油管喷出，确保下泵过程的井控安全。在抽油泵的活塞进入泵筒前，油管打压剪切销钉剪断，滑套体连同支撑连杆掉入泵下的尾管内，形成生产通道；失去支撑的固定阀落到阀座上，使抽油泵处于工作状态。

3）注意事项

①在下泵前，应对尾管进行通管，确保滑套体能落入尾管内。

②调节支撑连杆的支撑长度，确保固定阀离开阀座。

③设置合适的剪切销钉剪断压力，避免工作压力过高造成泵管柱脱落。

④稠油井慎用泵下定压滑套。

（2）泵下笔式开关

1）结构及用途

主要由上接头、泄压阀、主体、阀球、阀座、销钉、中心管、外套、弹簧、下接头等部件组成（图3-1-11）。主要适用于油井带压下泵施工。在下泵施工时，将其连接在抽油泵的底部，既有泵下阀的功能，又可完成管柱内部堵塞。

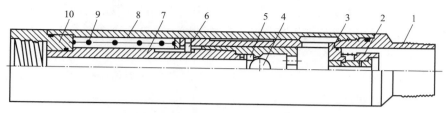

图3-1-11　泵下笔式开关结构示意图

1—上接头；2—泄压阀；3—主体；4—阀球；5—阀座；6—销钉；
7—中心管；8—外套；9—弹簧；10—下接头

2）工作原理

在下泵前，卸下泵上原来的固定阀，将泵下开关安装在泵筒下面。下泵作业时，开关处于关闭状态，销钉在中心管轨道长槽的上端位置，主体在弹簧和井内压力作用下，密封压力通道。下抽油杆调防冲距时，碰泵、下压泄压阀，打开泄压孔，泄掉球阀与主体之间腔内的压力，同时，主体下行，销钉沿轨道下行至下死点；当上提柱塞时，主体在弹簧推力的作用下上行，销钉通过换向进入轨道短槽上行至上死点，开关被打开。与此同时泄压孔关闭，开关内的阀作为泵的固定阀工作。检泵作业时，碰泵、起抽油杆，这时销钉由轨道的短槽通过换向后进入轨道长槽上端，又一次关闭油流通道，从而实现带压起抽油杆和油管。

3）注意事项

①入井前，确保销钉在轨道槽内滑动自如。

②碰泵下压泄压阀时应平稳操作。

（3）预置工作筒

1）结构及用途

预置工作筒是由锁定台阶、密封段等组成的一种辅助性完井工具，为油管内压力控制工具提供锁定的台阶和密封工作段（图3-1-12）。

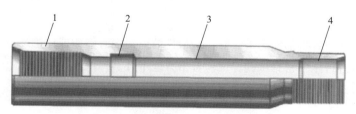

图3-1-12　工作筒内部结构示意图

1—上接头；2—锁定台阶；3—密封段；4—下接头

2）分类

依据工作筒内部键槽数量分为 M 型、X 型和 R 型三种类型。M 型只用一个键槽，X 型有两个键槽，R 型有三个键槽，带"N"表示不可通过式。R 型工作筒的壁厚比 X 型厚，因此 R 型工作筒用于厚壁油管，而 X 型工作筒适应于标准油管。

按工作筒定位方式分为选择型和非通过型两种类型。选择型工作筒特点是键槽为 90°，且工作筒内径一致，没有缩径部分，同一规格的坐入工具可以通过。因此，在同一井下管柱上可以下入多级同一规格的工作筒。

3）工作原理

按设计要求，随完井管柱下入井内，需要进行油管内压力控制作业时，钢丝作业下入与之匹配的工作筒堵塞器。

4）注意事项

选取的工作筒规格和扣型应与下井油管规格和扣型一致。

（4）井下控制开关

1）结构及用途

主要由上接头、换向体、闸板座、扭簧、闸板、下接头等组成（图 3-1-13）。主要用于油、水、气井完井，是解决带压作业防止管柱内喷的一个措施工具。

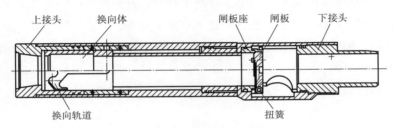

图 3-1-13　井下控制阀结构示意图

2）工作原理

将该阀直接连接在完井管柱尾部，下井前换向销钉位于换向轨道的长轨道，在弹簧作用下，换向体上移，使其下端位于闸板上部，闸板在扭簧作用下关闭。完井后，钢丝下入井下开关工具，在井下开关工具重力作用下，换向体下移，使其下端通过闸板，进而打开闸板；此时，换向销钉位于换向轨道的短轨道，换向销钉将阻止换向体上移，使闸板始终位于开的状态。

3）注意事项

①下井前应检查各零部件是否装好，闸板件的密封面有磕碰或锈蚀严重则应更换新件。

②下井前应进行压力密封试验，试验合格方能下井。

③下井前应确保销钉在轨道槽内滑动自如。

（5）破裂盘堵头

1）结构及用途

主要由上接头、陶瓷堵头、破裂盘外壳、下接头组成。通常安装在井下封隔器下部或油管柱的尾部，主要用于油、气、水井带压作业完井管柱的油管内压力控制。

根据破裂盘数量的不同破裂盘堵头分为单级破裂盘堵头和双级破裂盘堵头两种。单级破裂盘堵头见图 3-1-14，双级破裂盘堵头见图 3-1-15。

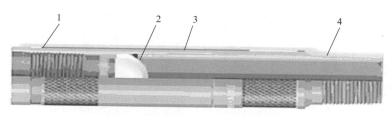

图 3-1-14　单级破裂盘堵头结构示意图
1—上接头；2—陶瓷堵头；3—破裂盘外壳；4—下接头

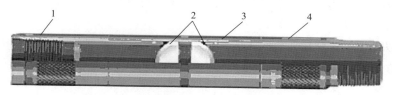

图 3-1-15　双级破裂盘堵头结构示意图
1—上接头；2—陶瓷堵头；3—破裂盘外壳；4—下接头

2）工作原理

单级破裂盘堵头内部只安装有一个凸面向下的破裂盘（图 3-1-14）。这种结构决定破裂盘凸面可以承受井内 70MPa 的压力，但不能承受其上部压力作用或尖状物体对凹面的冲击力。当破裂盘上下压差达到 6.9MPa 时，或者受到尖状物体对凹面底部冲击时，破裂盘就会发生破裂。双级破裂盘堵头的内部安装有凸面向背的两个破裂盘（图 3-1-15），两个破裂盘之间的距离为 12.7mm，破裂盘最薄面到凸面顶部距离范围是 50.8~76.2mm。由于球冠状破裂盘的凸面具有分解正压力的作用，双级破裂盘堵头其上、下均可以承受 70MPa 的高压作用。当在凸面顶部受到专用冲击工具冲击时，由于应力集中，使破裂盘破碎。

3）注意事项

①安装在井下封隔器下部或油管柱的尾部，紧扣时管钳避开陶瓷堵头且不能反向安装。

②控制下入速度，平稳操作，避免冲击使破裂盘破碎。

（二）控制工具选取原则

①井内管柱带有坐落接头且完好情况下，优先选取与坐落接头匹配的堵塞器。

②井内管柱无坐落接头或坐落接头失效的情况下，优先选取钢丝桥塞或电缆桥塞。

③工作管柱宜选取两个单流阀作为内压力控制工具，单流阀应能满足施工工艺需要。

④完井管柱宜下入坐落接头，优先选用盲堵工具或破裂盘。

⑤水平井或大斜度井完井管柱宜在管柱底部筛管以上位置和造斜点以上位置均配置至少一个坐落接头。

⑥内堵塞工具试压稳压压力值应不低于最大井底压力。

（三）控制工艺

针对不同井型、井别、井内流体性质、井下管柱结构和带压作业工艺技术要求，选取相应的控制工艺。带压作业的油管内压力控制过程包括"事前控制""事中控制"和"事后控制"三个阶段。

1. "事前控制"工艺

（1）概念

"事前控制"是指在带压作业施工前利用物理或化学方法阻断井内压力在管柱（包括原井管柱、工作管柱和完井管柱）内传递的通道，保证作业过程不发生井喷事故。

①物理法是指利用机械性能或井内流体相变来隔断管柱压力通道的一种油管内压力控制工艺技术，包括机械堵塞、冷冻暂堵等。

②化学法是利用不同物质之间化学反应产物的相态变化来进行油管内压力控制的一种工艺技术，包括液体桥塞堵塞和注灰封堵的工艺。

（2）堵塞投送工艺

"事前控制"包括原井管柱内的压力控制、工作管柱内的压力控制和完井管柱内的压力控制。工作管柱和完井管柱的内部压力控制工艺采取预置方式将油管内压力控制工具随管柱入井；原井管柱内的压力控制，依据油管内压力控制工具和不同的井型、井别、井下管柱结构及井下管柱通径，选取的工艺不同，一般分为重力投送法、泵注法、钢丝作业和电缆作业四种方式。

1）重力投送法

重力投送法是在静压状态下，油管内压力控制工具依靠自身的重力克服井内流体阻力和油管内壁的摩擦力，自动下行至井下管柱内遇阻位置，并通过井内压力实现油管内压力控制工具坐封的一种油管内压力控制工艺。重力投送法具有不需其他设备配合、操作方便、作业成本低的特点，但坐封位置无法预判，无法进行全井段封堵。

①用途及范围：

a.适合于重力投送的油管内压力控制工具，主要包括滑块式油管堵塞器、智能式油管堵塞器和撞击定位偏心配水器堵塞器。

b.适用于泵管柱、分层注水的油水井原井管柱等封堵。

②应用条件：

a.在井口必须建立一个密闭的静压环境，井口不能存在刺漏现象，保证油管内压力控制工具顺利下井。

b.油管内压力控制工具外径小于油管和井口内通径，并且井下管柱存在缩径部分，确保油管内压力控制工具能在井下管柱内遇阻，避免形成井下落物。

c.井内压力能满足油管内压力控制工具的坐封条件，如皮碗类密封胶件的自封条件、压力坐封销钉剪断条件等。

③工艺流程：

a.地面组装油管内压力控制工具，检查密封机构和锁定机构的组件灵活、无损。

b.关闭采油树主控阀，在采油树上安装压力等级不低于井口压力、内径和长度均大于油管内压力控制工具几何参数的防喷管。

c. 在防喷管内灌满清水后，将油管内压力控制工具放入防喷管。

d. 在防喷管上部安装量程不低于防喷管压力等级的压力表。

e. 缓慢打开采油树主控阀，油管内压力控制工具下行通过井口。

f. 等待 30min 后，打开采油树放空阀泄压，如井口无溢流，证明油管内压力控制可靠，否则，需要分析原因，制订方案。

2）泵注法

泵注法油管内压力控制工艺是指利用泵车的流量将油管内压力控制工具或化学封堵的物质顶替到井下管柱的预定位置，并在井内压力或时间作用下封堵油管压力通道。

①用途：

适合泵注法油管内压力控制工艺的工具有：清垢式油管堵塞器、液体桥塞、水泥灰浆、冷冻剂。适用于油、气、水井。

②应用范围：

a. 清垢式油管堵塞器常用于分层注水井。

b. 冷冻剂用于油管（井筒）冷冻暂堵。

c. 液体桥塞和水泥灰浆用于油管（井筒）的封堵。

3）钢丝作业

钢丝作业油管内压力控制工艺是在静压状态下，利用钢丝绞车将油管内压力控制工具输送到井内预定位置，通过上提（下放）钢丝完成油管内压力控制工具坐封动作，或解除油管内压力控制工具的工作状态。

①用途及范围：

适合钢丝作业的油管内压力控制工具有：智能式油管堵塞器、大变径油管堵塞器、双向卡瓦牙钢丝桥塞、工作筒堵塞器、井下控制开关和破裂盘等。适用于油、气、水井，不适用于大斜度的定向井。

②应用条件：

a. 钢丝长度应大于施工井深度 500m，钢丝破断拉力应大于 9kN。

b. 防喷盒、防喷器的规格和压力等级应与钢丝规格和井口压力匹配。

c. 防喷器和防喷管及泄压短节的通径大于下井工具的最大外径，且组件的压力等级不低于施工井井口压力。

d. 防喷管高度大于下井工具串的长度；含有 H_2S、CO_2 等腐蚀性流体的井必须使用专用的钢丝。

③工艺流程：

a. 在井口安装防喷器、防喷管等防喷装置，试压至井口压力等级并稳压 10min。

b. 用大于油管内压力控制工具 4~6mm 的通径规，探视井下管柱内径，深度至少达到油管内压力控制工具的坐封位置。

c. 根据通径情况，选取油管内压力控制工具；下放钢丝，将油管内压力控制工具输送至目的位置，速度不超过 2m/s，油管内压力控制工具的坐封位置应避开油管接箍或变径位置。

d. 坐封油管内压力控制工具并丢手，缓慢上提钢丝 20m；下放钢丝，确定坐封位置，钢丝下放速度不超过 0.2m/s。

e. 打开泄压三通，分 4 次均匀放掉油管内压力，每次稳压 10min；每次下入工具前，应平衡油管与井口防喷装置之间的压力。

4）电缆作业

电缆作业油管内压力控制工艺是利用电缆绞车将坐封工具和油管桥塞下放到井内预定位置，地面仪器坐封工具工作，进而带动油管桥塞坐封并实现丢手的一项油管堵塞技术。

①用途及范围：

适用于可回收式油管桥塞、电缆桥塞和高性能油管桥塞等作业。适合于油、气、水井。

②工艺流程：

a. 工具串结构：自上而下为电缆头、旋转短节（数量和位置依据井况而定）、加重杆（数量由井压确定）、柔性短节（具体位置和数量根据井身结构确定）、坐封工具和油管桥塞。

b. 确定桥塞位置：油管桥塞下井前在数控仪上输入油管桥塞至磁定位仪之间的距离（零长）。在工具串下井过程中，磁定位仪通过油管接箍时，通过磁定位仪的感应线圈将产生一定的电信号。感应信号经单芯电缆传输到地面的数控仪，数控仪显示屏将显示一条幅度变化的曲线。

c. 坐封桥塞：将油管桥塞下井至预定深度时，停止滚筒操作并刹车。打开数控仪上仪器供电旋钮（可选择交流电或直流电），调节供电电压值和电流强度。打开井下供电开关，向井下供电 30~50s 后完成油管桥塞坐封。验封合格后，启动绞车滚筒，起出坐封工具。

2. "事中控制"工艺

（1）概念

"事中控制"是指在带压作业过程中，因井下客观因素影响不能控制全井的管柱内部压力的前提下，利用一定的工艺手段控制井内流体在作业过程中不从油管喷出的一项措施，是"事前控制"的补充手段。

（2）客观因素

①原井由于井下的油管内壁结垢、油管变形和管柱带有较小通径的工具等缩径因素，油管内压力控制工具无法输送到井下管柱的预定位置，缩径点以下的管柱无法用机械堵塞的方法封堵。

②由于井下工具串为开放性管柱，采用机械堵塞的方法根本无法实现油管内压力控制，需要在带压起下管柱过程中采取一定的工艺技术来控制油管压力。

（3）控制工艺

1）分段油管内压力控制工艺

在带压作业过程中，采取在带压作业机内部倒扣或冷冻暂堵等工艺对缩径点以下的管柱进行分段或单根进行堵塞的一种油管内压力控制技术。

①缩径点上部的油管处理

a. 在带压作业机升高短节内采取倒扣的方式，逐步将管柱起出，在倒扣过程中采取防止油管落井、飞出等措施。

b. 冷冻暂堵是利用物质升华过程中吸热这一原理将油管内的冷冻介质冷冻，形成一段可以隔断油管内压力的冰塞。

②缩径点下部管柱的油管内压力控制

a. 缩径点内径相对较大，可以选择小一级油管内压力控制工具，通过缩径点实现堵塞。

b. 缩径点内径较小，油管内压力控制工具无法通过井下部分油管和井下工具，或井内油管数量较少，可利用带压作业机内部倒扣和鱼顶堵塞器逐根起出缩径点下部的油管。

2）绳索作业工艺技术

绳索作业工艺技术是利用钢丝绳作业或电缆作业在密闭状态下起下工具或管柱的一项综合技术，可以与带压作业机和冷冻暂堵技术配套，带压起下长度较长的开放性管柱（如射孔枪、筛管等）或井下工具（如套铣筒、深井泵）。绳索作业既属于环空压力控制范畴，同时又属于油管内压力控制技术领域，是一种特殊情况下的带压作业。

3）工作管柱的油管内压力控制

工作管柱的油管内压力控制工具是随工作管柱下井，属于预置油管内压力控制工具。

依据施工内容不同，选取不同油管内压力控制工具：

①正冲砂、打捞、打印、通井等：在管柱尾部带有双瓣式单流阀。在起、下工作管柱过程中，单流阀关闭，密封管柱下部的压力；在施工过程中，利用工作流体压力打开阀体，形成工作液正循环通道。

②反冲砂和压裂（酸化）：根据井型，在管柱尾部（直井）或中部（定向井）预置工作筒堵塞器或可回收式油管桥塞。下入管柱过程中，油管内压力控制工具随管柱下入井内，密封油管的压力通道。若是定向井，当管柱下入造斜段时，为避免打捞困难，需要打捞出管柱尾部的油管内压力控制工具，重新在管柱中部坐封。

4）完井管柱的油管内压力控制

油管内压力控制工具随管柱入井。在下入管柱时，油管内压力控制工具密封管柱底部的井内压力。完井后，需要打捞出油管内压力控制工具或进行解堵。

不同的完井管柱下入的油管内压力控制工具不同：

①管式泵管柱，在泵下安装定压滑套，在泵筒下井过程中，定压滑套密封井内压力；完井后，油管打压，滑套体脱开，建立生产压力通道。

②杆式泵管柱，在泵座下方适当位置（泵座到开关的位置小于泵长）预置井下控制开关，在管柱下井过程中，关闭开关的阀体，控制井内压力；完井时，开关的阀体被杆式泵打开，建立生产压力通道。需要检泵作业时，上提抽油泵离开泵座，井下控制开关自行关闭，密封油管内压力通道，可直接进行检泵。

③分层注水井管柱，在管柱尾部安装双向阀，当管柱下井时，阀位于球挡上方，可密封井内压力；完井后，油管打压，阀落入球挡下方，密封阀上部的流体，进行注水。

④光管柱，在油管尾部安装破裂盘或预置可回收式油管桥塞（包括工作筒堵塞器），在管柱下井过程中，破裂盘或油管桥塞工作，密封井内压力；完井后，解堵或打捞油管桥塞，建立生产压力通道。

3. "事后控制"工艺

"事后控制"是指在带压作业过程中发生油管内压力控制失效需要进行的应急措施，也就是抢险工作（见第五章第三节应急处置）。

二　环空压力控制

带压作业环空压力控制通常是通过安全防喷器组、工作防喷器组的合理组合来实现。其配置与组合应根据施工压力、管柱结构、工作介质、安全要求等来确定。

带压作业要结合作业管柱尺寸、接箍类型、工作压力来选择环空压力控制方法，通常有通过环形防喷器直接控制起下、环形防喷器和闸板防喷器倒换控制起下、上工作（半封）闸板防喷器和下工作（半封）闸板防喷器倒换控制起下三种方式。每种方式适应不同的管柱、不同的工作压力（见表3-1-1）。

表 3-1-1　不同规格管柱作业环空动密封装置使用条件

管柱规格型号	工作压力范围 /MPa		
	条件一	条件二	条件三
ϕ60.3mm 平式油管	< 12	12~21	≥ 21
ϕ60.3mm 外加厚油管	< 10	10~21	≥ 21
ϕ70.3mm 平式油管	< 10	10~21	≥ 21
ϕ70.3mm 外加厚油管	< 8	8~21	≥ 21
ϕ88.9mm 平式油管	< 8	8~21	≥ 21
ϕ88.9mm 外加厚油管	< 4	4~21	≥ 21
管柱接箍通过密封防喷器操作方式	直接通过环形防喷器	环形防喷器 + 闸板防喷器导出 / 导入管柱接箍	上闸板防喷器 + 下闸板防喷器导出 / 导入接箍

（一）环形防喷器直接控制

管柱接箍可直接起出或推入环形防喷器胶芯。作业前，根据管柱表面质量、井口压力设置适当的环形工作防喷器关闭压力，一般关闭压力设置为 3.5~8.4MPa（500~1200psi）。环形工作防喷器上缓冲器压力应当介于 2.5~2.8MPa（350~400psi）。根据轻管柱或是重管柱情况，使用适当的卡瓦组合，使管柱本体及接箍直接通过环形防喷器胶芯（图3-1-16）。

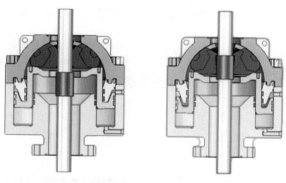

图 3-1-16　环形防喷器起管柱（过接箍）示意图

在下管柱过程中，宜在环形防喷器胶芯上喷淋适当的润滑介质，如液压油、机油等；起管柱（特别是含硫油气井）过程中，应在环形防喷器以上喷淋适当的不易燃液体，如清水、氯化钾液体等。

（二）环形防喷器和闸板防喷器倒换控制

通过环形防喷器和闸板防喷器倒换起下管柱接箍，且环形防喷器始终处于关闭状态（油管悬挂器、与管柱外径差异较大的大直径工具等情况除外），作业步骤如下。

①下管柱接箍或大直径工具至环形防喷器以上，关闸板防喷器。

②泄环形防喷器与工作（半封）闸板防喷器之间压力至允许接箍或大直径工具通过环形防喷器。

③下放管柱接箍或大直径工具至环形防喷器与工作（半封）闸板防喷器之间。

④平衡工作（半封）闸板防喷器上、下压力。

⑤开工作（半封）闸板防喷器。

⑥下放管柱接箍或大直径工具通过工作（半封）闸板防喷器。

⑦关闭工作（半封）闸板防喷器。

⑧继续下入管柱，重复上述步骤。起管柱接箍或工具接头原理与下管柱接箍或大直径工具原理一样，只是顺序相反。

（三）上工作（半封）闸板防喷器和下工作（半封）闸板防喷器倒换控制

作业压力高于 21MPa 时，通过两个工作（半封）闸板防喷器倒换起下管柱接箍，且环形防喷器始终处于关闭状态（油管悬挂器、与管柱外径差异较大的大直径工具等情况除外），作业步骤如下。

①下管柱接箍或大直径工具至上、下工作（半封）闸板防喷器之间［图 3-1-17（a）］。

②关上工作（半封）闸板防喷器，此时上、下工作（半封）闸板防喷器都是关闭状态，平衡上、下工作（半封）闸板防喷器之间压力［图 3-1-17（b）］。

③开下工作（半封）闸板防喷器，下管柱接箍或大直径工具通过下工作防喷器闸板［图 3-1-17（c）］。

④关下工作（半封）闸板防喷器，关平衡管线阀门，泄下工作（半封）闸板防喷器以上压力［图 3-1-17（d）］。

⑤开上工作（半封）闸板防喷器，进入下一次循环作业［图 3-1-17（e）］。

重复上述步骤。起管柱接箍或工具接头原理与下油管接箍或大直径工具原理一样，只是顺序相反。

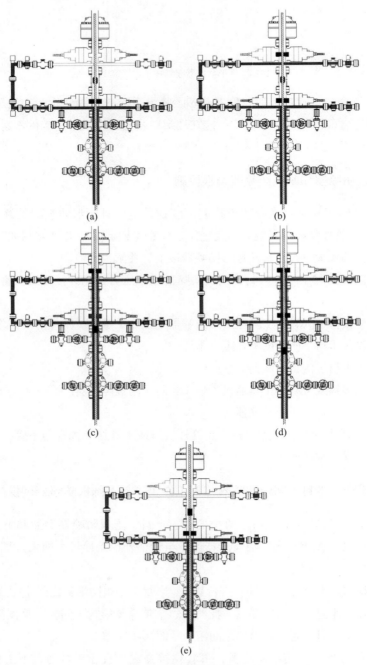

图 3-1-17　利用闸板 - 闸板下管柱作业过程示意图

三 平衡 / 泄压

在起下管柱倒换防喷器过程中，利用平衡 / 泄压系统对工作防喷器之间的环空压力进行平衡或泄压，操作时应注意：

①安装完成后应根据井口压力适当调节节流阀。

②操作平衡 / 泄压系统时，宜分级补 / 泄压。

③大直径工具或油管悬挂器通过平衡 / 泄压四通时，应将其下入四通旁通的下部，且应缓慢补 / 泄压，避免压力冲击。

第二节 安装与调试

带压作业设备安装是带压施工作业的第一步。由于使用的带压作业机不同，安装步骤有差异，具体参考设备使用说明书进行安装，一般安装流程见图 3-2-1，操作程序见第六章第一节"设备拆装、调试、试压"。

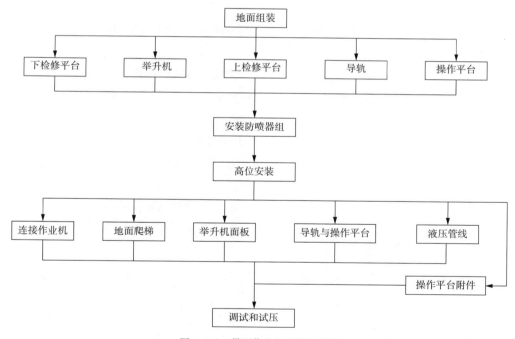

图 3-2-1 带压作业机安装流程图

（一）安装井口装置

①当油管内堵塞工具坐封后，起出坐封工具，逐级卸掉油管内压力，每次观察 15min，观察油管压力恢复情况，若油管压力不上升，则继续降压至油管压力为 0，油管压力仍不上升则说明油管封堵合格，可以拆采油（气）树装防喷器；若压力不能降到 0，不能更换井口。

②拆采油（气）树前，闸板防喷器、环形防喷器、四通等法兰连接部位的钢圈槽应清理干净，并涂抹润滑脂；油管头、闸板防喷器、环形防喷器、四通等法兰连接部位的钢圈和钢圈槽应匹配。

③拆除采油（气）树后，应尽快安装安全防喷器组、工作防喷器组等，仔细确认钢圈入槽、上下螺孔对正和方向符合要求后，上齐连接螺栓，对角拧紧。

④安装完后，绘制井口装置示意图，应标注顶丝、半封闸板、全封闸板和剪切闸板与操作台内固定位置的距离。

（二）安装安全防喷器组远程控制台

①安装在季节风上风方向、距井口不少于 25m 的专用活动房内，10m 范围内不应堆放易燃、易爆、腐蚀物品。

②控制管线安放并固定在管排架内，与放喷管线保持安全距离，车辆跨越处应装过桥盖板，不应在管排架上堆放杂物和以其作为电焊接地线或在其上进行焊割作业。近井口端液压控制软管线应采用耐火管线。

③电源应从总配电板处直接引出，用单独的开关控制，并有标识。

④电控箱开关旋钮应处于自动位置，控制手柄应处于工作位置，并有控制对象名称和开关标识。

⑤控制剪切闸板、全封闸板的三位四通阀应安装防误操作的防护罩。

（三）安装工作防喷器控制台

工作防喷器控制装置一般设置在操作台上，液压控制装置宜配备系统压力低压警报系统。

（四）井口支撑座安装

施工井应安装井口支撑座，以减少对井口装置的承载负荷，提高井口装置的稳定性。

二 设备调试

（一）调试安全防喷器远程控制台

①检查蓄能器压力保持在 18.5~21.0MPa 内，气囊充氮压力（7.0±0.7）MPa。
②各操作手柄应处于与控制对象工作状态相一致的位置。
③检查液压油油面在油箱高低油位标尺内。

（二）测试工作防喷器组蓄能器功能

环形防喷器处于关闭状态，液压泵源发生故障时，在工作防喷器完成一个开和关、平衡/泄压旋塞阀完成一个开和关动作后，观察 10min，蓄能器的压力保持在 8.4MPa 以上。

（三）带压作业机功能测试

开启动力源空运转 5min 后，再合上离合器，带动各泵空运转，运行 5min 一切正常后，关闭泄压阀，使蓄能器升压，操作各路转换阀，使油缸、防喷器、卡瓦等动作 2 次，验证油路畅通、开关灵活、动作无误。

三 试压

带压作业设备现场安装完毕后，应对井口和地面流程等进行试压，试压时应按井控要求分别进行低压、高压试压，并做好记录。

第三节 起下管柱作业

一 液缸压力设置

带压作业设备的下压力和举升力是由液压系统提供的压力作用到液缸活塞上而产生的。作业前，为了达到所需的下压力和举升力，需要对液缸压力进行设置。

（一）液缸压力计算

由于管柱运动状态不同，液缸活塞受力情况具有明显差异，因此液缸压力计算按照下压管柱和举升管柱两种情况进行（图 3-3-1）。带压作业机一般采用两个或四个液缸设计，采用四缸设计的带压作业机也可以将两缸和四缸倒换使用，采用两缸作业时可以获得较高的起下速度，采用四缸作业时可以获得较大的举升力和下压力。因此，应该依据实际使用的液缸数量，正确调整液压系统压力调节器至合适的数值。

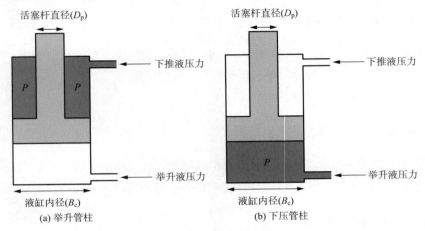

图 3-3-1　带压作业机液缸工作原理

1. 举升管柱

当举升管柱时，液压缸活塞底端承受液压力［图 3-3-1（a）］，液缸压力计算公式如下：

$$P_{li} = \frac{F_{li}}{S_{li}} = \frac{4F_{li}}{\pi n B_c^2} \qquad (3-3-1)$$

式中　P_{li}——液缸应设置的压力，MPa。

　　　F_{li}——所需达到的举升力，kN。

　　　B_c——液压缸活塞内径，cm。

　　　n——液压缸数量。

对于举升管柱所需达到的举升力，可采用最大举升力。

2. 下压管柱

当下压管柱时，液压缸活塞的上端承受液压力［图 3-3-1（b）］，液缸压力计算公式如下：

$$P_{sn} = \frac{F_{sn}}{S_{sn}} = \frac{4F_{sn}}{\pi n (B_c^2 - D_p^2)} \qquad (3-3-2)$$

式中　P_{sn}——液缸应设置的压力，MPa。

　　　F_{sn}——所需达到的下压力，kN。

　　　D_p——液压缸活塞杆直径，cm，常见带压作业机液缸和活塞杆尺寸见表 3-3-1。

对于下压管柱所需达到的下压力，可采用最大下压力。

表 3-3-1　常见带压作业机液缸与活塞杆尺寸表

名称	尺寸										
活塞杆外径 /in	1	1.25	1.5	1.75	2	2.25	3	3.25	3.5	3.75	4
液缸内径 /in	3	3.25	3.5	3.75	4	4.25	5	5.25	5.5	5.75	6

（二）设置液缸压力

根据前述的液缸压力计算方法，得出液缸压力后，即可进行压力的设置。由于带压作业机类型和结构不同，液缸压力的设置方法会有所差异。通常情况下，通过调节液缸液控回路的调压阀即可实现。具体操作如下：

1. 下管柱（轻管柱）时

①设置液缸压力前应将下部管柱组合放入工作防喷器组内，关闭游动卡瓦和固定防顶卡瓦，关闭环形防喷器（或工作闸板防喷器）并平衡防喷器压力，解锁并打开全封闸板，转移载荷至游动防顶卡瓦，开固定防顶卡瓦。

②将液缸压力调整至0，提高油门至满负荷状态，将液缸控制手柄推至完全"向下"位置，按照计算的液缸压力，调节液缸压力，直至管柱开始下行。采用短行程下钻，直至整个下部管柱组合通过油管头。采用环形防喷器直接起下管柱时，还应增加液缸压力使接箍通过工作环形防喷器。随管柱重量的增加，逐渐降低液缸压力和下压力。

2. 起管柱（重管柱）时

①将提升短节和悬挂器连接好，按规定扭矩紧扣，在提升短节顶部安装好全通径旋塞阀并处于开位，关游动承重卡瓦，松开顶丝。

②将液缸压力调整至零，提高油门至满负荷状态，将液缸控制手柄推至完全"向上"位置，按照公式计算的液缸压力，调节液缸压力，直至管柱开始上行。

二　置换防喷器组内空气

带压作业尤其是气井带压作业施工前，为了防止井口防喷器组腔室空气与井内天然气混合，消除爆燃风险，需将井口防喷器组腔室空气排出。

（一）清水置换

关闭相应卡瓦和环形防喷器以确保下部管柱安全，关闭最上部的安全半封防喷器，关闭平衡/泄压阀，打开工作防喷器组，用清水将防喷器腔室灌满排出空气，最后关闭环形防喷器，打开泄压阀将腔室内清水排出。

（二）套管气置换

当不具备用清水置换空气时，先用卡瓦和环形防喷器确保下部管柱安全，关闭平衡/泄压阀，开油管头四通外侧的阀门，使气体流动到平衡阀，并检查是否有泄漏；通过平衡阀缓慢将工作防喷器内压力升高到0.5MPa左右，检查是否有泄漏，然后关闭平衡阀，通过泄压阀缓慢释放工作防喷器内的压力，关闭泄压阀。这样重复2~3次就可将工作防喷器内的空气吹扫出去。

（一）下管柱作业

下管柱作业主要包括试坐悬挂器、轻管柱（含底部管柱组合）下入、平衡点（中和点）测试、重管柱下入等关键环节。

1. 试坐悬挂器

操作前，悬挂器提升管柱应安装管柱内压力控制工具且做好标记，步骤如下：

①在确保全封闸板防喷器完全关闭的前提下，打开上工作（半封）闸板防喷器和其他安全防喷器。

②通过作业机绞车或吊车等其他辅助起吊设备将底带悬挂器的管柱缓慢下至全封闸板位置，然后上提 0.3~1.0m，关游动承重卡瓦和防顶卡瓦，关固定防顶卡瓦，关环形防喷器。

③关闭泄压阀，缓慢开启平衡管线的节流阀（或旋塞阀），井筒压力通过平衡管线平衡全封闸板上下压力，注意观察压力变化和内防喷工具密封情况，并在环形工作防喷器上倒入适量润滑油，以减少下管柱作业对环形防喷器的摩擦，降低对胶芯的磨损。

④设置环形工作防喷器关闭压力，确保既能控制住井内压力又能保证管柱移动，环形工作防喷器上补偿瓶压力应当介于 2.5~2.8MPa（350~400psi）。

⑤全封闸板上下压力平衡后，打开固定防顶卡瓦、全封闸板防喷器、井口大闸阀，举升机下入提升管柱，观察提升管柱标记和悬重显示，到位后下压 1~3t。

⑥地面人员上紧顶丝，施工方、甲方、井口厂家共同确认顶丝旋出、旋入长度。

⑦操作手做悬挂器上提测试，观察提升管柱标记和悬重显示。

⑧悬挂器试坐正常后，起出悬挂器。

2. 轻管柱下入

（1）开井操作程序

开井操作前，首根管柱应安装管柱内压力控制工具，步骤如下：

①在确保全封闸板防喷器完全关闭的前提下，打开上工作（半封）闸板防喷器和其他安全防喷器。

②通过作业机绞车或吊车等其他辅助起吊设备将带有管柱内压力控制工具的管柱从地面提升至操作平台，打开全部卡瓦，将管柱缓慢下至全封闸板位置，然后上提 0.3~1.0m，关游动承重卡瓦和防顶卡瓦，关固定防顶卡瓦，关环形防喷器。

③按"置换防喷器组内空气"要求吹扫防喷器组内空气。

④关闭泄压阀，缓慢开启平衡管线的节流阀（或旋塞阀），井筒压力通过平衡管线平衡全封闸板上下压力，注意观察压力变化和内防喷工具密封情况，并在环形工作防喷器上倒入适量润滑油，以减少下管柱作业对环形防喷器的摩擦，降低对胶芯的磨损。

⑤设置环形工作防喷器关闭压力，确保既能控制住井内压力又能保证管柱移动，环形工作防喷器上补偿瓶压力应当介于 2.5~2.8MPa（350~400psi）。

⑥按照"液压缸压力设置"的方法设置液压缸下压力，为防止发生弯曲，液压缸位置要尽可能低，将液压缸压力调整至零，提高油门至满负荷状态，将液压缸控制手柄推至完全"向下"位置，增加液压缸压力，直至管柱开始下行。

⑦全封闸板上下压力平衡后，打开固定防顶卡瓦、全封闸板防喷器、井口大闸阀，采用倒换程序下入管柱。

（2）管柱下入倒换程序

管柱下入过程中，载荷转移是非常重要的一个作业环节，所谓载荷转移是指将固定卡瓦和游动卡瓦上承受的力按工作需要进行上、下转换的过程，就是打开一副卡瓦时确保有另外一副卡瓦关闭并且该关闭卡瓦已经"咬住"管柱，防止管柱"飞出"或"落井"（图3-3-2）。

①关闭固定防顶卡瓦和游动防顶卡瓦，将新管柱连接到井内管柱上，完成接单根［图3-3-2（a）］。

②缓慢上提管柱，将上顶力从游动防顶卡瓦转移到固定防顶卡瓦，打开游动防顶卡瓦［图3-3-2（b）］。

③起升液缸，此时管柱由固定防顶卡瓦控制［图3-3-2（c）］。

④当液缸起升到指定位置时停止，关闭游动防顶卡瓦，轻轻下压管柱，将上顶力从固定防顶卡瓦转移到游动防顶卡瓦［图3-3-2（d）］。

⑤打开固定防顶卡瓦控制，管柱由游动防顶卡瓦控制［图3-3-2（e）］。

⑥下放液缸，此时管柱由游动防顶卡瓦控制带压下入井内［图3-3-2（f）］。

⑦当液缸下放至行程底部时停止，关闭固定防顶卡瓦，缓慢上提管柱，将上顶力从游动防顶卡瓦转移到固定防顶卡瓦［图3-3-2（g）］。

⑧打开游动防顶卡瓦，此时将上顶力从游动防顶卡瓦转移到固定防顶卡瓦，重复以上步骤直至完成管柱下入作业［图3-3-2（h）］。

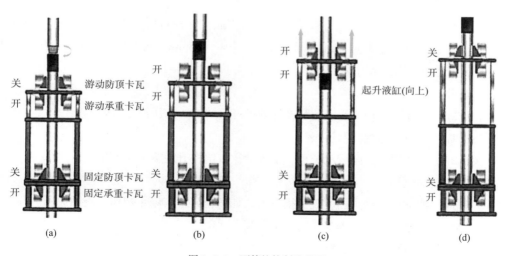

图3-3-2　下管柱控制流程图

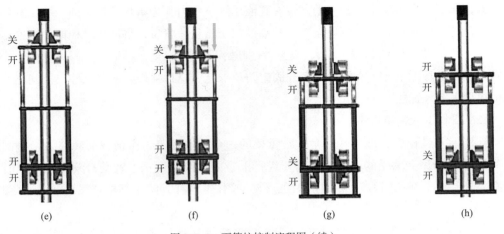

(e)   (f)   (g)   (h)

图 3-3-2　下管柱控制流程图（续）

3. 平衡点测试

重复以上步骤，当下入的管柱长度接近理论计算的中和点 100m 管柱左右，必须逐根进行重管柱测试，主要是由于计算误差、井筒摩擦力、防喷器摩擦力等影响，如果不提前进行平衡点测试，可能导致管柱落井的风险，甚至发生井控风险。

4. 重管柱下入

进入重管柱状态后，利用固定承重卡瓦和游动承重卡瓦转换来下入管柱，调节液缸压力推动管柱接箍通过环形工作防喷器；如果是辅助式带压作业机，这时就可以转到利用修井机来进行带压下钻作业。

5. 坐悬挂器

施工步骤参考第六章第三节"坐悬挂器"。

（二）起管柱作业

起管柱作业前，应对管柱进行投堵（封堵）作业，管柱封堵完成后应验封：逐级释放管柱内压力，每次压降不超过 5MPa，间隔时间不少于 15min，直至压力为 0。观察时间不少于 30min，无溢流为封堵合格。

1. 试提作业

①检查固定卡瓦、游动卡瓦、防喷器均处于打开状态，加压液压缸处于低位。

②下入提升短节，与悬挂器连接。

③关闭环形防喷器，关闭游动卡瓦，下推液压缸给提升短节一定预压力。

④退悬挂器顶丝到位。

⑤操作加压液缸试提悬挂器，观察指重表，如负荷异常应停止操作，查明原因。

⑥上提悬挂器至环形防喷器与半封闸板防喷器之间。

⑦关闭半封闸板防喷器，关闭平衡阀。

⑧打开泄压阀，打开环形防喷器。

⑨上提悬挂器至工作面，关闭固定卡瓦，打开游动卡瓦，卸悬挂器。

2. 起重管柱

当井口压力小于环形防喷器工作压力时，只需关闭环形防喷器密封管柱，直接利用液压缸（独立式）或作业机大钩（辅助式）起下管柱。

3. 平衡点测试

当起出管柱接近中和点深度时，应进行轻管柱测试。

4. 起轻管柱

①起轻管柱时，必须使用防顶卡瓦来克服管柱的上顶力，游动防顶卡瓦和固定防顶卡瓦交替卡住管柱，通过液压缸循环举升和下压完成管柱的起下作业。

②对于没有标记的油管，当接近油管堵塞器100m时，应逐根探测堵塞器位置。起堵塞器以下的短管柱时，可以使用升高法兰，导出下部管柱。

（三）安全技术要求

①施工前应确认闸板防喷器手动锁紧装置解锁到位，打开后应确认防喷器闸板全开到位。

②施工过程操作人员之间应保持信息畅通，控制起下管柱速度，确保防喷器和卡瓦的正确打开或关闭。

③设置环形防喷器关闭压力，既能使管柱顺利通过环形防喷器，又能控制井口压力。

④起管柱过程中应观察指重表变化，上提负荷不应超过最大许用举升力；轻管柱起下时，液压缸行程要小于油管安全无支撑长度。

⑤起下管柱过程中，利用平衡泄压系统进行压力控制时，开关速度要慢，以减少冲击、刺漏。

⑥下管柱过程中，应在环形防喷器胶芯上喷淋适量的润滑油，如液压油、机油等；起管柱（特别是含硫油气井）过程中，应在环形防喷器以上喷淋适当的不易燃液体，如清水、氯化钾液体等。

⑦工作管柱优先选用直连扣或带斜坡接头，油管也优先选用带倒角的接箍。油管入井前应核实到井油管质量检验报告，核对规格、数量；外观检查不应有弯曲、坑蚀、严重锈蚀、螺纹损坏等现象；对油管进行逐根排列、丈量、编号及造册登记；应用标准内径规通内径，通过方为合格。

⑧下管柱时要求油管及螺纹干净清洁，螺纹密封脂应均匀涂抹在外螺纹上，用液压油管钳上扣，应先人工引扣，防止管柱螺纹错扣，上扣时，背钳应卡在油管本体上，进行紧扣，按规定扭矩上紧；卸扣时，背钳应卡在油管接箍上，防止松扣。

⑨带压起下过程，操作平台上至少应配备一套合格的旋塞阀、开关工具或高压阀门，地面备防喷单根，旋塞阀、高压阀门处于开位。

⑩人员在上下工作平台梯子、进入或者离开工作台以及人员在井架梯子上时，应停止起、下作业。

（1）管柱封堵时，井内压力对管柱产生上顶力计算公式

$$F_上 = \frac{1}{4}\pi D^2 P \times 10^{-3}$$ （3-3-3）

式中　$F_上$——井内压力对井内管柱上顶力，kN；

　　　D——防喷器密封管柱位置外径，mm；

　　　P——井口压力，MPa。

（2）平衡点位置以下井内管柱长度计算公式

$$H_平 = \frac{F_上}{G_自}$$ （3-3-4）

式中　$H_平$——平衡点位置以下井内管柱长度，m；

　　　$G_自$——每米管柱在井内液体中的自重，kN/m；

　　　$F_上$——井内压力对井内管柱的上顶力，kN。

（3）加压举升管柱时升降液缸的最大举升力计算公式

$$F_举 = G_自 - F_上 + F_{摩1} + F_{摩2}$$ （3-3-5）

式中　$F_举$——加压举升管柱时升降液缸的最大举升力，kN；

　　　$G_自$——管柱在井内液体中的自重，kN；

　　　$F_上$——井内压力对井内管柱最大上顶力，kN；

　　　$F_{摩1}$——防喷器对管柱产生的摩擦力，kN；

　　　$F_{摩2}$——井筒对管柱的摩擦力，kN。

摩擦力大小与防喷器类型和井口压力有关，通常取管柱上顶力的20%；在井斜不大于30°时，套管对管柱产生的摩擦力在工程计算中可忽略不计。

（4）加压下管柱时升降液缸的最大下压力计算公式

$$F_压 = F_上 - G_自 + F_{摩1} + F_{摩2}$$ （3-3-6）

式中　$F_压$——加压下管柱时升降液缸最大下压力，kN；

　　　$F_上$——井内压力对井内管柱最大上顶力，kN；

　　　$G_自$——管柱在井内液体中的自重，kN；

　　　$F_{摩1}$——防喷器对管柱产生的摩擦力，kN；

　　　$F_{摩2}$——井筒对管柱的摩擦力，kN。

摩擦力大小与防喷器类型和井口压力有关，通常取管柱上顶力的20%；在井斜不大于30°时，套管对管柱产生的摩擦力在工程计算中可忽略不计。

（5）无支撑油管的柔度不小于油管临界柔度 λ_c 时，运用 Euler 模型计算油管压曲力的计算公式

$$F_{eb} = \frac{\pi^2 EI}{L^2}$$ （3-3-7）

式中　F_{eb}——无支撑油管的临界弯曲力，N；

　　　E——油管的杨氏模量，MPa；

　　　I——油管截面惯性矩，m^4；

　　　L——油管的无支撑长度，m。

杨氏模量是描述固体材料抵抗形变能力的物理量。

截面惯性矩指截面各微元面积与各微元至截面上某一指定轴线距离二次方乘积的积分。

（6）无支撑油管的柔度小于油管临界柔度 λ_c 时，运用 Johnson 模型计算油管压曲力的计算公式

$$F_{eb} = \sigma_s A_s \left[1 - \frac{(L/i)^2}{2\lambda_p^2} \right] \tag{3-3-8}$$

式中　F_{eb}——无支撑油管的临界弯曲力，N；

　　　σ_s——油管屈服应力，MPa；钢级为 J55 时，$\sigma_s=379MPa$；钢级为 N80 时，$\sigma_s=552MPa$；

　　　i——油管惯性半径，m；

　　　L——油管无支撑长度，m；

　　　λ_p——油管细长比，与油管材质有关的常量；

　　　A_s——油管横截面积，m^2。

油管屈服应力是指油管在单向拉伸（或压缩）过程中，由于加工硬化，塑性流动所需的应力值随变形量增大而增大。对应于变形过程某一瞬时进行塑性流动所需的真实应力叫作该瞬时的屈服应力。

油管惯性半径是指油管微分质量假设的集中点到转动轴间的距离，它的大小等于转动惯量除总质量后再开平方根的积分。

油管细长比是指油管的计算长度与杆件截面的回转半径之比。

第四节　冲砂作业

同常规压井冲砂作业一样，带压冲砂作业包括正冲砂、反冲砂或正反冲砂。冲砂介质通常采用清水、盐水、泡沫、氮气或天然气等流体。

一　冲砂参数计算

冲砂时为使携砂液将砂子带到地面，液流在井内的上返速度必须大于最大直径的砂子在携砂液中的下沉速度。

$$V_t > 2V_d \qquad (3\text{-}4\text{-}1)$$

式中　V_t——冲砂液上升速度，m/s；

　　　V_d——砂子在静止冲砂液中的自由下沉速度，m/s。

由上式可得出保证砂子上返至地面的最低速度：

$$V_{min}=2V_d \qquad (3\text{-}4\text{-}2)$$

冲砂时所需要的最低排量：

$$Q_{min}=3600\,A\,V_{min}=7200A\,V_d \qquad (3\text{-}4\text{-}3)$$

式中　Q_{min}——砂子上返至地面的最低排量，m³/h；

　　　A——砂子上返通道的截流面积，m²，正冲砂时为油套环空横截面积，反冲沙时为油管内横截面积；

　　　V_{min}——砂子上返至地面的最低速度，m/s。

砂子全部返出地面时所需要的总时间：

$$t=\frac{H}{V_s}=\frac{H}{V_t-V_d}=\frac{H}{V_{min}-V_d}=\frac{H}{V_d} \qquad (3\text{-}4\text{-}4)$$

式中　t——砂子上返至地面的总时间，s；

　　　H——最大冲砂深度，一般为井深，m；

　　　V_s——砂粒上升速度，m/s，$V_s=V_t-V_d$。

表 3-4-1 和表 3-4-2 分别列出了密度为 2.65g/cm³ 的石英砂在水中和油中的自由沉降速度。

表 3-4-1　密度为 2.65g/cm³ 的石英砂在水中的自由沉降速度

平均砂粒大小 /mm	水中下降速度 /（m/s）	平均砂粒大小 /mm	水中下降速度 /（m/s）	平均砂粒大小 /mm	水中下降速度 /（m/s）
11.9	0.393	1.85	0.147	0.200	0.0244
10.3	0.361	1.55	0.127	0.156	0.0172
7.3	0.303	1.19	0.105	0.126	0.0120
6.4	0.289	1.04	0.094	0.116	0.0085
5.5	0.260	0.76	0.077	0.112	0.0071
4.6	0.240	0.51	0.053	0.080	0.0042
3.5	0.209	0.37	0.041	0.055	0.0021
2.8	0.191	0.30	0.034	0.032	0.0007
2.3	0.167	0.23	0.0285	0.001	0.0001

表 3-4-2 密度为 2.65g/cm³ 的石英砂在油中的自由沉降速度

名称	原油温度 /℃	20	25	30	35	40	45	50
脱气无水原油	原油黏度 /（mPa·s）	74	41	8	2	24	—	22
	粗砂下降速度 /（cm/min）	78	95.5	202	273	400	—	600
	细砂下降速度 /（cm/min）	13.7	5	66.5	5	111	—	143
脱气乳化原油	原油黏度 /（mPa·s）	2616	2074	1431	1169	939	737	513
	粗砂下降速度 /（cm/min）	2.92	3.05	3.30	3.55	4.8	5.6	9.24

二 冲砂作业程序

（一）正冲砂作业

1. 管串结构

正冲砂管串由单流阀、坐放短节内堵塞形成两级屏障。油水井一般采用单流阀一级屏障，气井作业要求管柱底部至少具备两级屏障（图 3-4-1）。

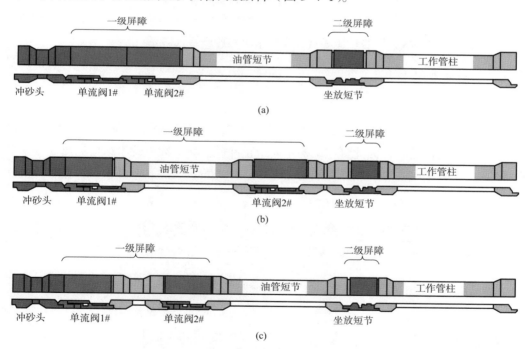

图 3-4-1 正冲砂管串结构

2. 作业流程

（1）下冲砂管柱探砂面

带压下入冲砂管柱至预计砂面以上 10m，接单根反复探砂面，核实砂面深度，探砂面后，上提管柱使磨鞋位于砂面以上 3~5m。

（2）连接冲砂管线及地面流程

①连接管柱，油管上依次连接油管短节、全通径旋塞阀、水龙头（轻便水龙头或动力水龙头）、水龙带，旋塞阀处于全开状态。

②水龙带与立管连接，立管与压井管汇连接，节流管汇与除砂器（捕捉器）、油管四通连接，节流管汇出口与分离器连接（水井直接连到放喷池），分离器内的循环液管线与计量罐连接（计量罐通过泵输送到储液罐），油气部分连接到放喷池；泵车与储液罐和压井管汇连接。

③关闭两侧套管阀门，分别对地面流程和冲砂管线进行试压。

（3）冲砂

①启动泵车，缓慢提高泵车排量至所需排量，同时缓慢打开节流管汇的节流阀，根据砂面下部压力控制背压，保持泵车排量不变（油水井直接进行下一步），循环操作，重新调整节流管汇节流阀（节流阀需要满足可以完全关闭的要求）控制背压。

②冲下一柱管柱后，要充分循环，缓慢降低泵的排量至停泵，同时缓慢关闭节流阀至关闭，始终保持一定的背压，卸掉油管内压力；接单根冲砂管柱，缓慢启动泵并提高排量至所需排量，同时缓慢打开节流阀，保持一定背压，继续冲砂作业。

③重复上述操作，直至冲至目标井深，充分循环 1.5 倍井筒容积，直至出口无砂或静止后砂面深度符合要求；按照带压起管柱规程带压起冲砂管柱。

（二）反冲砂作业

1. 管串结构

反冲砂前，先要下管柱探砂面，然后起出堵塞器进行冲砂作业，冲砂结束后需要重新堵塞管柱才能起出管柱，因此管串结构不同于正冲砂。典型冲砂管串结构见图 3-4-2 和图 3-4-3。

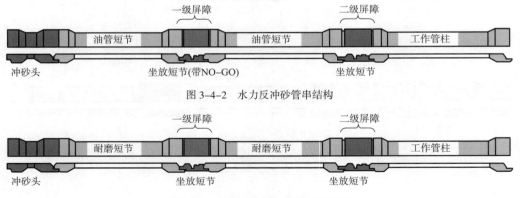

图 3-4-2　水力反冲砂管串结构

图 3-4-3　氮气/天然气反冲砂管串结构

①如果砂面较厚，反冲砂时需要连接新的单根就必须连接冲砂旋塞阀，这种旋塞阀结构和常规旋塞阀一样，为全通径旋塞阀，但它的外径小于相应套管的通径，同时又具有较高的抗拉强度（图 3-4-4）。

②同时由于管柱内径小，冲砂时流速快，容易在地面流程和井口的缩径、转向等处发生冲蚀，因此管柱上还应安装紧急关断阀（图3-4-5）。

③紧急关断阀用于紧急情况下控制管柱内压力，也可以用作水龙头，施工过程中，吊卡悬挂提升环，下部油管扣与管柱连接，2in NPT扣与水龙带连接（图3-4-6）。

④氮气或天然气冲砂时，气体携带砂粒会对坐放短节造成严重冲蚀，因此需要在坐放短节以下安装保护短节。保护短节内径与坐放短节相同，是外径加厚的一根油管短节，也称为耐冲蚀短节（图3-4-7）。保护短节一般安装在坐放短节上端和下端，降低砂粒对坐放短节的冲蚀。

图3-4-4　冲砂旋塞阀

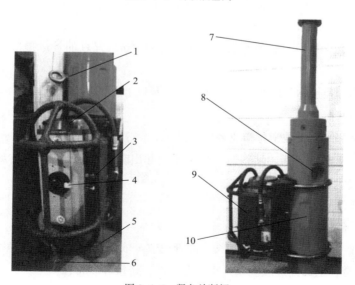

图3-4-5　紧急关断阀

1—提环；2—气动驱动器；3—校准螺栓；4—开/关指示；5—2⅞″油管扣；6—进气口；
7—提升环；8—2″NPT扣；9—气动驱动器护罩；10—铭牌

图 3-4-6 反冲砂紧急关断阀现场安装图

图 3-4-7 耐冲蚀短节

2. 反冲砂作业流程

（1）下冲砂管柱探砂面

①带压下入冲砂管柱至预计砂面以上 10m。

②接单根反复探砂面，核实砂面深度。

③探砂面后，上提管柱使磨鞋位于砂面以上 3~5m，并且油管接箍位于操作平台以上 1.2m 左右处。

④在顶端油管连接冲砂旋塞阀（旋塞阀处于开位）。

（2）打捞堵塞器

①在冲砂旋塞阀上安装钢丝作业装置，试压。

②下入打捞工具，打捞出堵塞器；将堵塞器起出防喷管后，关闭冲砂旋塞阀，泄掉冲砂旋塞阀以上的压力。

③拆除钢丝作业装置。

（3）连接冲砂管线和地面管汇

①依次连接一根油管、冲砂旋塞阀、油管短节（依据工况配备）、紧急关断阀（处于开位）、高压水龙带，上部冲砂旋塞阀处于全开状态；连接冲砂管柱。

②连接水龙带至地面流程；连接泵车与压井管汇，连接压井管汇与油管四通（用井内天然气作为介质时则不需要这个步骤）。

③分别对地面管汇和冲砂管线进行试压。

（4）冲砂

①平衡冲砂旋塞阀上、下压力，打开冲砂旋塞阀。

②冲砂作业，打开油管四通阀门，启动泵车，缓慢提高泵车排量至所需排量，同时缓慢打开节流管汇的节流阀，根据井底最高压力控制回压，保持泵车排量不变。采用氮气或天然气作为冲砂介质时，氮气排量或天然气量应大于 $80m^3/min$。

③接单根，缓慢降低泵的排量至停泵，同时缓慢关闭节流阀，关闭冲砂旋塞阀，泄掉水龙带内压力，连接冲砂管柱，平衡冲砂旋塞阀压力并将其打开，缓慢启动泵并提高排量，同时缓慢打开节流阀，保持回压继续冲砂。

④重复上述操作，直至冲至设计深度，充分循环 1.5 倍井筒容积，检测无砂则结束冲砂施工。

（5）起冲砂管柱

①在井口冲砂旋塞阀上安装钢丝作业装置，投放堵塞器至坐放短节并逐级降低压力，检验合格。

②按照带压起管柱规程带压起冲砂管柱。

（6）安全及质量控制措施

①冲砂时，应适当控制井口回压，避免造成气层吐砂，出现砂卡管柱现象。

②冲砂水龙头的出口弯头角度不得小于 120°，内部需要进行处理增强硬度，防止冲砂过程流砂刺穿管线。

③密闭沉砂罐储存的清水至少将冲砂管线出口淹没，防止爆炸着火事故发生。

④冲砂地面管线使用硬管线，按要求固定；排空的天然气应烧掉。

第五节　打捞作业

因天然气井、注水井、注蒸汽井等井下环境的复杂性和特殊性，常规打捞作业不具备保护储层和环保作业的能力，而带压打捞可确保储层不受二次污染与破坏，作业过程安全环保。根据井下落物的类型和特点，利用带压作业设备和配套工具，实现带压井下打捞。

一　带压打捞分类

（一）按照落物种类划分

主要可分为管杆类落物打捞、小件落物及特殊落物打捞等。

①管杆类落物指油管、钻杆、封隔器、井下工具、（断脱的）抽油杆、测试仪器、抽汲加重杆等。

②小件及特殊落物指铅锤、刮蜡片、压力计、取样器、阀球、牙轮、仪器、录井钢丝、电缆、钢丝绳等。

（二）按照打捞难易程度划分

①简单打捞是指井下落物管串长度可一次性全部容纳在带压装置高压密封腔内，通过相应操作一次性取出的带压打捞作业。

②复杂打捞是指井下落物管串长度不能一次性全部容纳在高压密封腔内，需在带压装置内进行防喷管倒换、带压倒扣或带压切割后，才能分段取出的带压打捞作业。

二　带压打捞配套

（一）简单打捞

简单打捞的带压作业装置按照施工需要配备。同时，考虑井下落物的预计长度，可在安全防喷器组与工作闸板防喷器间，安装一定长度的升高法兰，使带压作业装置的上工作闸板、升高法兰、全封闸板防喷器之间组成的高压密封腔长度不低于打捞管串可控封堵位置的上截面至落物下截面的距离。

升高法兰工作压力不低于防喷器组的工作压力，通径不低于防喷器组的内通径，升高法兰的承重能力不低于带压作业机举升系统的最大举升力。

（二）复杂打捞

复杂打捞指落鱼工具长度较长或较重的情况下，无法通过升高法兰倒换来起出落鱼的情况，需根据单件工具长度是大于或小于高压密封腔长度来确定起出井口的方法。

①对于单件工具长度小于高压密封腔长度的情况，只需在井口安全防喷器组增配一套卡瓦防喷器，具体位置可视情况而定，然后在带压作业装置内进行多次倒扣。

②对于单件工具长度大于高压密封腔长度的情况，可在井口安全防喷器增配半封闸板、卡瓦防喷器，也可安装一套带压旋转内切割装置，用来将工具剪切后带压取出。

三　打捞工艺

（一）管杆类落物打捞

1. 打捞作业管柱结构

打捞作业管柱结构（自下而上）（图3-5-1）为：

①直井：打捞工具+（安全接头）+单流阀（1~2个）+震击器+钻铤+加速器+钻杆（油管）。

②水平井：打捞工具+（安全接头）+单流阀（1~2个）+震击器+钻杆（油管）+钻铤（或加厚钻杆）+加速器+钻杆（油管）。

注意事项：在起下管柱时，应避免震击器在通过防喷器时激发震击动作，单流阀的位置尽可能靠近打捞工具。

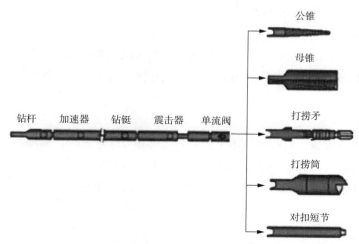

图 3-5-1 带压打捞管柱组合

2. 工具选择

落鱼管柱根据鱼顶状态，可能需要修整鱼顶，也可能需要套铣鱼顶周围。直接打捞落鱼时根据落物的外径、内径以及井内套管的通径大小，可选择公锥、母锥、滑块捞矛、可退式捞矛、卡瓦打捞筒、开窗捞筒等工具，选择打捞工具的原则是打捞工具应该具有丢手功能，如果工具没有丢手功能，可在单流阀以下配置一个特制的安全接头。

3. 打捞作业程序

（1）解卡作业

当原井管柱被卡时，不能通过倒扣方式来解除管柱遇卡状态。当在管柱结构上有丢手接头时，可以正转丢手倒扣［图 3-5-2（a）］；如果没有丢手接头，可以通过化学切割［图 3-5-2（b）］或爆炸切割方式［图 3-5-2（c）］解除卡钻状态。

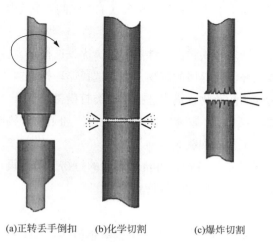

(a)正转丢手倒扣　　(b)化学切割　　(c)爆炸切割

图 3-5-2 原井管柱遇卡解除方法

（2）探鱼顶

选用铅模、铅锥、通径规、井下电视等工具，进行带压井下探视，从而确定鱼顶形状、大小及落鱼状态等，为下一步打捞提供依据。

（3）下工具串

在地面将打捞工具串进行连接，并按照入井工具试压要求进行地面试压。按照带压下入管柱的操作要求，向井内下入打捞管串。按照打捞工具工作原理的不同，作业程序有所不同。

（4）打捞作业

采用带压作业装置，将打捞管串下到鱼顶上部1~2m时进行正循环冲洗；逐步下放工具至鱼顶，指重表指针有轻微跳动后逐渐下降，泵压也有变化时，说明已引入落鱼，可以试提钻具，当悬重明显增加时，证明已经捞获。可重复以上步骤，直至将落鱼引入工具并捞获。

（5）起工具串

①按照带压起出井内管柱的操作要求，起出单流阀以上的入井管串。

②起出单流阀以上打捞管柱后，将井内剩余工具串悬挂在卡瓦防喷器处，并关闭鱼顶以上的全封防喷器。重新下入井口倒扣打捞工具至全封防喷器以上，关闭工作（半封）闸板防喷器和环形防喷器，平衡压力，开全封闸板，在装置高压腔内带压打捞在卡瓦防喷器处悬挂的井内工具，在带压装置内进行带压倒扣或带压切割，分段、多次起出打捞工具串及打捞的落物。

③检查打捞工具及打捞落物是否完整，如井内仍有落物残留部分，继续重复以上打捞步骤，直至井内落物全部取出。

（二）小件落物及特殊落物打捞

1. 打捞管柱组合

打捞管柱组合（自上而下）为：钻杆（油管）+单流阀+安全接头+打捞工具。

2. 工具选择

①打捞钢球、钳牙、牙轮等铁磁性小件落物时，优先选择磁力打捞器。

②打捞体积很小或已经成为碎屑的落物，优先选择循环打捞器，如反循环打捞篮等。

③打捞其他未成为碎屑的落物，优先选择抓捞类打捞工具。

④所用的打捞工具包括内钩、外钩、内外组合钩。加工内外钩时应在打捞工具上加装隔环，防止绳类落物跑到工具上端造成卡钻。

⑤除此外，针对某种特殊的落物，可自制专用的打捞工具，设计的打捞工具必须具备易捞、强度足够、结构简单、操作方便等特点。

3. 打捞作业程序

同管杆类落物打捞作业程序一样，首先了解落鱼情况，再下入相应小件落物及特殊落物打捞工具。按照打捞工具的不同，作业程序有所不同。

（1）正循环打捞

①带压下工具管串至井底 3~5m 时开泵正循环洗井。

②边冲边下放钻具，遇阻时上提并做记号。

③快速下放，在距井底 1~2m 时停止下钻，继续正循环，造成井底紊流；循环 10min 后带压起钻。

（2）一把抓打捞

①工具下至鱼头以上 1~2m，开泵正洗井，将落鱼上部沉砂冲净后停泵。

②带压下放管串，加钻压 20~30kN 后，可转动钻具 3~4 圈，待悬重表悬重恢复后，再加压 10kN 左右，转动钻柱 5~7 圈。

③将打捞管串提离井底，转动钻柱使其离开旋转后的位置，再下放加压 20~30kN 将变形抓齿顿死，即可提钻。

（3）强磁打捞

①当强磁打捞器下到离井底 3~5m 时开泵正循环冲洗井底。

②冲洗干净后，缓慢下放钻具，触及落物。

③上提钻具，旋转 90°，重复下放钻具，触及落物。

④确认落物已被吸住后，上提起钻。

⑤完成打捞程序后，按正常起下管柱程序起出落鱼。

（4）绳类打捞

①下钻至鱼顶 50m 以上，按紧扣方向旋转钻具 5~30 圈，释放钻具扭矩或回转圈数并观察记录。计算外钩扭矩或旋转圈数时加上此数值。

②当下钻至预计鱼顶 50m 时开始进行试探打捞，如负荷增加则再转 4~5 圈起钻。

③如此逐级加深，直至负荷有下降显示，立即停止下放，旋转 5~6 圈后试提，上提管柱 2~10m，观察悬重有无变化，如负荷增加明显，再转 4~5 圈起钻。

第六节　钻（套、磨）铣作业

带压钻（套、磨）铣作业主要包括钻磨桥塞、水泥塞以及磨铣小件落物等。

一　旋转方式

旋转作业通常是通过井口转盘旋转、动力水龙头或井下马达旋转提供作业扭矩。

①利用液压转盘或动力水龙头提供扭矩。一般压力较低的井可以采用转盘旋转或动力水龙头带动旋转的方式进行旋转作业，井口转盘和动力水龙头旋转带动钻柱整体旋转，钻柱不仅有上下运动，还有旋转运动，对地面环空密封装置动密封性能要求更高、密封件材

料磨损更加剧烈。

②利用井下马达提供扭矩。无论是高压井还是低压井都可以采用井下马达旋转作业，由于钻杆或油管不参与旋转，钻柱与井口防喷器之间只有轴向的运动，更容易达到对井口的密封要求，即使井口旋转仅仅作为辅助活动管柱的低速旋转作业。

③利用修井机转盘驱动提供扭矩。对于采用修井机转盘驱动方钻杆来带动旋转作业的，需要配套旋转防喷器密封。

二 管柱组合

（一）作业管柱

作业管柱根据井筒条件、钻磨对象、作业介质、作业工艺的要求，可以采用钻杆或油管进行钻磨作业。

（二）钻具组合

钻具组合设计时应考虑到下入、起出底部钻具组合方案，在钻磨工具上应直接安装至少一个单流阀，管柱也可增加一些扶正器、钻铤等以提高钻柱刚度、增加钻压，还可以增加一些短节确保安全起出，推荐底部钻具组合为：

①直井钻磨：钻磨工具 + 单流阀（1~2 个）+ 钻铤（加厚钻杆）+ 捞杯 + 作业管柱。

②水平井钻磨：钻磨工具 + 单流阀（1~2 个）+ 作业管柱 + 钻铤（加厚钻杆）+ 作业管柱。水平井钻磨作业钻铤不能加到水平井井段，一般加在直井段。

三 工具选择

磨铣工具的选择应根据落鱼的性质、材质、是否稳固等因素，结合作业经验综合选择磨铣工具的类型、外径、内径、布齿方式、硬质合金类型、镶嵌方式等。常用的磨铣工具包括磨鞋、引子磨鞋、铣锥与铣柱、套铣鞋、锻铣工具等。

（一）磨鞋类

磨鞋通常用于磨除桥塞、封隔器、水泥塞或其他阻碍井眼的碎块，也可用于磨掉被卡住的油管、钻杆等，磨鞋按底部形式可分为平底磨鞋、凹底磨鞋等，典型磨鞋形式见图 3-6-1。

引子磨鞋可高效磨铣套管、衬管、铣鞋、铣管或内径较大的油管，磨鞋外径大于工具接头或磨鞋接头外径的 5~6mm（¼ in），引子外径应与落鱼的内通径大小一致（图 3-6-2）。

(a)平底磨鞋　　(b)凹底磨鞋

图 3-6-1　磨鞋

(a)铣鞋　　(b)扶正器

图 3-6-2　引子磨鞋

（二）铣锥类

铣锥用于逐渐扩大井眼通道、修复挤毁的套管和衬管［图 3-6-3（a）］；铣柱主要用于修复挤毁的套管和衬管，消除键槽和狗腿［图 3-6-3（b）］。

(a)铣锥　　　　　　　　　　　　　(b)铣柱

图 3-6-3　典型铣锥和铣柱

（三）套铣鞋

套铣鞋，也称为铣圈、铣鞋，通常用于清除被卡管柱外壁上的沉砂、钻井液、机械落物等，以及套铣封隔器、桥塞卡瓦等。

套铣鞋可以分为裸眼井套铣鞋（图 3-6-4）和套管井套铣鞋（图 3-6-5），套铣鞋的内径比铣管的内径至少小 1.5~2mm（$\frac{1}{16}$ in），外径比铣管的外径至少大 1.5~2mm（$\frac{1}{16}$ in），以便于套铣出的碎屑排出。

(a)仅在底部和外壁布齿型　　　(b)底部、内外壁布齿型　　　(c)仅外壁布齿型

图 3-6-4　裸眼井套铣鞋

(a)底部锯齿型　　(b)底部波浪齿型　　　　　　　(c)底部、内壁布齿型

图 3-6-5　套管井套铣鞋

四　防喷器组布置和地面流程设计

（一）井口防喷器组合选择

①采用液压转盘、动力水龙头、井下马达带动钻具的，可采用环形防喷器或工作（半封）闸板防喷器来密封油套环形空间的压力。

a. 一般压力较低的直接采用环形防喷器控制管柱旋转期间的环空动密封，

b. 压力较高的采用工作（半封）闸板防喷器控制管柱上下运动环空动密封。

②采用修井机、钻机转盘驱动方钻杆来带动旋转作业的，在防喷器组的最上部必须增加旋转防喷器来保证方钻杆的密封。

（二）地面流程组合

不同于常规压井钻磨方式，带压钻磨产生的钻屑需要经过可以承受一定压力的除砂器或捕屑器加以清除，同时地面应设置捕屑器、节流管汇和分离器等，地面泵注流程和返排流程应结合工艺需要合理布置（图3-6-6）。

五　磨铣作业流程

在磨铣工具入井前，必须测量好工具外径，测量下部钻具组合各工具的外径、内径长度。

①依次连接磨铣工具、单流阀、井下马达和钻铤，直井钻磨时至少有一个捞杯（推荐2个）。

②下入至距离鱼顶2~3m时，上下活动钻具，然后开泵和停泵、活动钻具，主要是测量在井口带压情况下管柱重量和摸索循环排量对泵压的影响，特别是对地面流程回压的控制。建立正确的循环，返出量不小于泵入量。

③循环的同时，慢慢下放钻具，加压1~2t探鱼头。

④在操作台上标记管柱深度，选择的参照点一定是固定的，在卡瓦的上部也要做标记。

⑤上提管柱2~3m，调整到所需排量，转动管柱的同时，缓慢下放管柱，按优化的钻

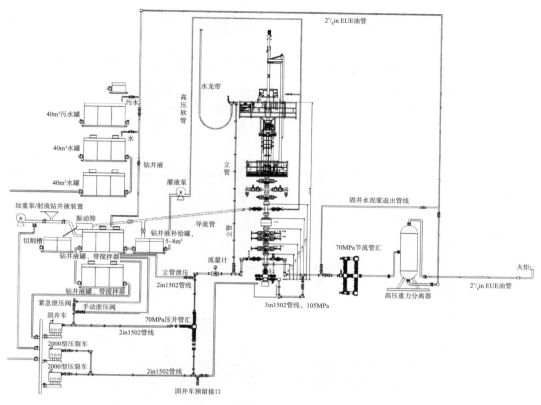

图 3-6-6　某井锻铣套管地面流程设计图

磨参数施加钻压。不要先加钻压再旋转，这样可能损坏磨鞋切削面，也不要轻加钻压然后旋转。

⑥每磨铣 1~2m，上提磨鞋 3~5m，上下拉划井眼。若是水平井压裂管柱，且根部返出很多砂，接单根时，控制背压、多循环，防止卡钻，在不拆水龙带的情况下尽可能多拉划井眼、多做提拉测试。这是由于管柱本身有一定的拉长量，而液缸行程（3m）不足以拉划彻底，因此还可以保持马达低转速转动（20r/min）循环。

⑦停止磨铣时，要将钻柱提离井底。马达施加钻压后不能立即起管柱，应该先降排量，再上提管柱。

⑧按带压起下管柱要求起出磨铣管柱。

第七节　配合压裂作业

带压配合压裂作业主要用于拖动压裂管柱进行分段改造，不同的压裂方式对应的井下压裂管柱结构不同，带压起下压裂管柱的工艺也不同。

压裂工艺分为拖动管柱压裂和不动管柱压裂两种方式。拖动管柱压裂又分为双封单卡式压裂和水力喷射压裂两种，无论哪种压裂方式都建议在直井段位置预置1~3个工作筒，保证进行最后一段压裂时，至少有一个工作筒位于直井段。

（一）双封单卡式拖动管柱压裂工作原理

双封单卡式压裂管柱的结构特点是在水力锚下端的两个K344封隔器之间夹一个滑套喷砂器（见图3-7-1）。其中，两套K344封隔器跨隔压裂段，在满足压裂层（段）需要的情况下，两个封隔器之间的跨距应尽可能短，喷砂器一般选用滑套喷砂器。

1. 管柱结构

双封单卡压裂管柱结构见图3-7-1。

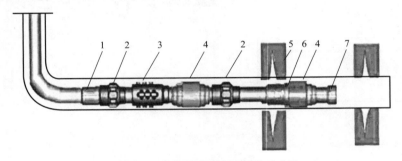

图 3-7-1　双封单卡压裂管柱结构示意图
1—安全接头；2—扶正器；3—水力锚；4—K344封隔器；5—压裂层（段）；6—滑套喷砂器；7—导锥

2. 工艺原理

①当管柱下到第一段后，坐封封隔器、水力锚锚定管柱，投球打开滑套喷砂器，对第一段进行压裂。

②完成压裂后，反洗井解封封隔器和水力锚，管柱内下入堵塞器密封管柱内压力，带压上提管柱至下一段压裂位置。

③捞出堵塞器，重新坐封封隔器和水力锚，完成下一段的压裂。

④通过逐步调整管柱深度，重复上述过程，对不同的目的段进行压裂施工。

（二）水力喷射拖动管柱压裂工作原理

水力喷射拖动管柱压裂是一种集射孔、压裂、隔离于一体的储层改造措施。利用专用喷枪产生的高速流体穿透套管、岩石，形成孔眼，孔眼底部流体压力增高，超过岩石的破裂压力，起裂成单一裂缝，从而完成一个段的压裂。

1. 管柱结构

多级水力喷射压裂管柱结构见图3-7-2。

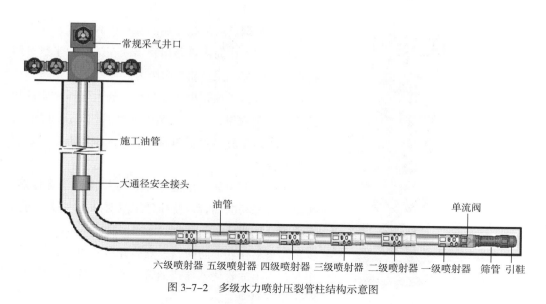

常规采气井口

施工油管

大通径安全接头

油管

单流阀

六级喷射器　五级喷射器　四级喷射器　三级喷射器　二级喷射器　一级喷射器　筛管　引鞋

图 3-7-2　多级水力喷射压裂管柱结构示意图

2. 工作原理

　　将一个或多个滑套式喷枪连接在一起下入预定深度（此时其他喷枪处于关闭状态），先用最底部的喷枪通过拖动的方式进行最下部一段或多段喷砂射孔，然后进行压裂改造。依次向上拖动管柱，使喷枪对准相应的目的段，完成不同层段的射孔和压裂作业。当某个喷枪完成设计数量层段的改造或者出现故障时，投球打开上一个喷枪，同时将下部的喷枪隔离（图 3-7-2）。

二　带压作业井口组合

　　为保证压裂期间施工安全，避免防喷器承受高压，同时还需要提高施工时效，因此压裂施工期间需要将管柱悬挂在油管头四通上，在油管头上直接安装压裂用液动或手动平板阀，然后安装压裂井口和平板阀，最后安装安全防喷器组、工作防喷器组和带压作业机，典型拖动管柱压裂井口组合见图 3-7-3，两个 $7\frac{1}{16}$ in15K 平板阀是为了避免上部防喷器组承受高压，在压裂中液动平板阀处于关闭状态；在拖动管柱过程中，液动平板阀处于常开状态；$7\frac{1}{16}$ in15K 六通是为了提高施工效率，在带压拖动压裂管柱过程中，不重复拆压裂管汇，保证压裂施工的连续性。

三　配合压裂施工

（一）拖动压裂管柱

　　①完成第一段压裂后，关井（双封单卡管柱需要反洗井，解封封隔器后关井）扩散压力 2h 以上，平衡带压作业机与井内压力，打开液动平板阀。

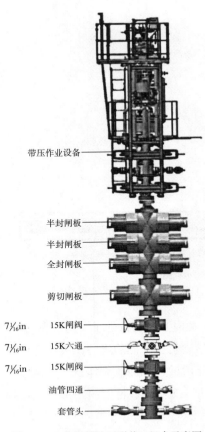

带压作业设备

半封闸板

半封闸板

全封闸板

剪切闸板

$7\frac{1}{16}$in 15K闸阀

$7\frac{1}{16}$in 15K六通

$7\frac{1}{16}$in 15K闸阀

油管四通

套管头

图 3-7-3 拖动管柱压裂井口组合示意图

②安装钢丝或电缆作业的井口密封装置，在大于拖动距离的工作筒内坐封堵塞器或在油管内坐封可回收式油管桥塞，控制油管内压力。

③堵塞器或油管桥塞坐封后，通过降压来验证油管压力控制效果，释放堵塞器或油管桥塞上部压力，且压力降为零后，观察 30min 以上无流体溢出时，表明坐封合格。

④拆除井口密封装置，下油管导出油管悬挂器，起出需要拖动的油管，使喷砂工具对准下一段，再坐入油管悬挂器。

⑤重新在环形防喷器上安装井口密封装置，钢丝作业打捞出油管堵塞器或油管桥塞，进行第二段喷砂射孔和压裂施工。

⑥依此类推，重复上述作业，直至完成所有段的压裂。

（二）不动管柱分段压裂

在不动管柱分段压裂中，带压作业机只起到压裂前的下管柱和压后起管柱的作用，在压裂时可将带压作业机及安全防喷器组拆开，重新安装压裂井口装置。

思考题

1. 简述常用机械堵塞工具种类。

2. 简述常用机械堵塞工具投送工艺。

3. 简述起下管柱作业时的三种环空密封控制操作。

4. 简述平衡／泄压系统的主要作用。

5. 简述置换防喷器组空气的方式。

6. 简述闸板－闸板防喷器倒换控制的作业步骤。

7. 简述起管柱作业主要程序。

8. 简述反冲砂作业流程。

扫一扫
获取更多资源

第四章

设备维护

设备维护是保障设备无故障安全运行的前提，应加强对带压作业设备的日常检查和维护保养，本章主要介绍带压作业主机部分、动力单元和井控装置等设备的常规检查和定期维护保养。

第一节　主机部分

一　举升系统

（一）操作前检查

①检查动力源举升机液泵开关是否打开。

②检查举升机液压管线连接是否牢固，有无破损渗漏。

③检查举升机液缸螺栓是否紧固，液缸完好无渗漏。

④检查举升机四缸／两缸模式闸阀开关是否正确。

⑤检查液缸管汇连接牢固无渗漏。

⑥检查连接板螺栓是否紧固。

（二）维护保养

1. 每周检查

①检查所有螺栓的紧密性。

②检查液缸螺母的紧密性。

③检查液压系统的渗漏程度。

④检查液缸组件的渗漏程度。

2. 每年检查

①拆卸并检查液缸，更换受损组件。

②更换液缸密封衬垫。

③更换法兰 O 形密封圈。

④检查所有球阀的渗漏情况。

二 卡瓦系统

（一）操作前检查

①卡瓦固定牢靠，卡瓦牙同井内管柱对应。
②附件齐全，管线连接无误，无漏油现象。
③按要求调整卡瓦液缸压力。
④空载试验，操作灵活可靠。

（二）维护保养

1. 每日检查
①卡瓦固定牢靠，无液压系统漏油情况。
②清洗卡瓦牙，检查卡瓦牙的损坏情况，卡瓦牙牙盖和牙座盖固定牢固。
③滑座打黄油，滑轨与滑座之间无松动，并检查滑座和牙座磨损情况。
④试验防顶卡瓦气囊传感器是否灵敏。
⑤气井带压作业施工，卡瓦牙应每 2h 检查一次，每 5 井次进行更换。

2. 每月检查
①全面清洗，保持整洁。
②肉眼观察，检查有无结构性损坏。
③检查卡瓦液缸使用情况，是否漏油，活塞杆是否有磨损等缺陷。
④检查牙座、滑座和滑轨的磨损情况，是否有变形。
⑤卡瓦座和固定螺栓是否有缺陷。

三 转盘系统

（一）操作前检查

①将转盘锁紧装置打开，检查转盘液压油位。
②检查转盘各供油管线有无渗漏。
③检查转盘各连接螺栓有无松动。

（二）维护保养

1. 每日检查
①检查转盘液压系统的漏油情况，并按要求进行修理。
②检查密封情况，修理渗漏、损坏的密封件。
③检查转盘软管，确保其无损。

2. 每月检查

①检查链条张力以及要求的绷紧度。

②检查转盘的结构性是否损坏。

③检查润滑脂，据情况添加 EP 润滑脂、锂皂基润滑脂。

3. 每年检查

①据情况拆卸检查和 / 或按要求更换轴承、链条、密封件及链轮。

②链轮和链条应成套更换。

四 桅杆总成

（一）操作前检查

①检查钢丝绳排列是否整齐，有无断丝、断股。

②检查绞车液压管线有无渗漏、破损。

③检查绞车阀件、操作手柄开关是否灵活可靠。

④检查死绳头是否紧固完好。

⑤检查刹车装置是否灵活可靠。

⑥检查主桅杆各固定销是否牢固。

（二）维护保养

1. 设备安装前

①检查天车滑轮，确保其自由旋转。

②通过滑轮轴润滑天车滑轮。

③检查起吊索绞轮。

④检查锁销和锁销弹簧的实际状况。

⑤确保起重拔杆在运输或搬运过程中没有受到损坏（有凹陷）。

⑥检测起重拔杆基座的锁销。

2. 设备安装后延伸前

①检查举升绞车的油位。

②润滑举升绞车轴承。

③移动锁销，确保起重拔杆在内缩位置。

3. 每日检查

①吊钳臂立柱固定牢固，无松动。

②吊钳臂转动灵活，伸缩自如。

4. 每周保养

①伸缩臂和旋转臂涂黄油。

②检查吊钳绳索断丝情况，按要求更换。

5. 每年检查

①检测上下耐磨垫（如果在衬垫止动托架$\frac{1}{16}$ in 内磨损，立即更换）。

②拆卸并检测主吊缆。

③检测起吊索绞轮和锁销的磨损情况。

④检查缆绳释放索卡和缆绳。

⑤拆卸销爪组件并检测受损的锁销扭力弹簧和锁销。

⑥检查平衡滑轮销的磨损情况。

⑦检查平衡滑轮的磨损情况。

⑧检查平衡滑轮止推垫圈。

五　液压钳吊臂

（一）操作前检查

①检查连接销是否固定牢靠。

②检查液压管线有无漏油。

③开关操作手柄测试操作是否正常。

④检查吊钳钢丝绳有无断丝，绳卡是否紧固。

（二）维护保养

1. 每日检查

①吊钳臂立柱固定牢固，无松动。

②吊钳臂转动灵活，伸缩自如。

2. 每周保养

①伸缩臂和旋转臂涂黄油。

②检查吊钳绳索断丝情况，按要求更换。

第二节　动力单元

一　柴油机

（一）检查内容

①检查防冻液及冷却系统是否渗漏。

②检查空气滤芯是否堵塞，如果堵塞清理或更换。

③检查风扇皮带、发电机皮带松紧度，如果过松，通过调节杆调节或更换。

④检查电瓶电压，如果电压不足，检查原因并充电。

⑤检查发动机管线是否损坏、磨损。

⑥检查排气系统是否腐蚀。

⑦检查发动机紧急熄火工作是否正常。

⑧检查空压机是否工作正常。

（二）维护保养

①更换发动机机油及机油滤芯（更换周期为 250h）。

②每周放掉柴油箱内积水。

③更换柴油油水分离器、一级滤芯和二级滤芯（250h）。

二　离合器

①机械式离合器用 NLGI 2$^#$锂基润滑脂进行润滑。

②每工作 20h 需用润滑油枪通过油嘴给离合装置（滑动套总成）加润滑油 1 次。

③每工作 100h 用油枪通过油嘴给主轴承（圆锥滚子轴承）和分离轴加润滑油 1 次。注意：双面密封深沟球轴承，不需要润滑。

三　分动箱

①日常检查齿轮油油位，不足需要添加。

②第一次使用，500h 或 3 个月更换齿轮油。

③正常使用时，每 1000h 或 6 个月更换齿轮油。

④更换齿轮油时，要保证齿轮油温度适宜，以便可以将旧齿轮油全部放掉。

四　液压系统

①每季度清洗一次过滤器，每月向两端轴承注二硫化铜润滑脂 1 次。

②安全阀和压力表每年检验 1 次。

③运行 6 个月，检查、修理或更换易损件，如 O 形密封圈、密封件、轴承、叶片、传动螺栓等。检测接地位置，检验安全回流阀。

④运行 12 个月，对泵的所有转动部件进行全面检查和修理，检验压力表。

⑤运行 36 个月，对泵进行全面检查和修理，对泵外壳进行除锈喷漆处理。

五　蓄能器

①每周检查蓄能器氮气压力。

②每年对蓄能器进行探伤检查。

六　散热器

散热器应保持清洁，每周至少清洁散热器一次。

第三节　井控装置

一　环形防喷器

（一）日常保养

①检查防喷器芯子，检查内表面，清除泥沙油污异物。

②检查所有的螺母和螺栓的损坏情况。

③观察顶盖、活塞和壳体的表面。

④检查芯子有无刮、划、断裂的痕迹。

⑤气井带压作业环形防喷器胶芯使用 5 井次应进行更换。

⑥每 6 个月送有资质的专业机构检测一次。

（二）定期检维修（3 个月）

环形防喷器按以下内容进行检验：

①清洗防喷器内部和可清洗的零部件。

②顶盖、壳体、活塞垂直通孔圆柱面，满足以下要求：

a. 通径大于 179.4mm：在任一半径方向的偏磨量应不大于 3mm。

b. 通径不大于 179.4mm：在任一半径方向的偏磨量应不大于 2mm。

③胶芯应无脱胶、龟裂、起泡等影响密封的缺陷。

④上下连接紧固件状况。

⑤环形防喷器应在有钻具的状态下，按《防喷器检验、修理和再制造》（SY/T 6160）的规定进行关闭试验，高压试验压力应为环形防喷器额定工作压力的 70%，并目视检验液压控制腔密封情况。

（三）定期检维修（1年）

环形防喷器除按 3 个月的规定进行检验外，还应按以下内容进行检验：

①顶盖内表面或活塞斜面应无拉伤。

②顶盖密封面、壳体、活塞、防尘圈或隔离环的密封圈槽，应无影响密封的缺陷。

③耐磨环或耐磨板，应无磨损或损坏（若适用）。

④采用目视或渗透探伤方法检验法兰密封垫环槽部位，应无影响密封的缺陷。

⑤顶盖与壳体连接部位及部件，应无影响承载能力的缺陷。

⑥壳体、活塞、防尘圈或隔离环、外体部套筒的配合表面和密封表面应无拉伤、腐蚀等缺陷。

⑦密封胶芯内孔及球面（或锥面），应无严重变形、撕裂、支承筋断裂及扭曲、脱胶、龟裂、起泡等缺陷；密封圈，应无断裂、脱胶、龟裂、起泡等缺陷。

⑧已失效或超过两年的密封胶芯、密封圈应更换。

⑨螺纹孔应无乱扣、缺扣或变形，并能通过螺纹通止规检验。

⑩螺栓、螺母，应无损伤，并能通过螺纹通止规检验。

⑪按《防喷器检验、修理和再制造》（SY/T 6160）的规定进行液压控制腔试验，试验压力应为额定工作压力。

⑫按《防喷器检验、修理和再制造》（SY/T 6160）的规定进行防喷器的关闭试验，高压试验压力应为环形防喷器额定工作压力。

⑬出厂时间超过 13 年的防喷器，应按《防喷器检验、修理和再制造》（SY/T 6160）的规定每年进行声发射检测。

（四）定期检维修（3年）

环形防喷器除按 1 年的规定进行检验外，还应按至少但不限于以下内容进行检验：

①拆卸所有零件，清洗干净。

②主要零件的关键尺寸，出现下列情况之一者应再制造或更换：

a. 通径大于 179.4mm：在任一半径方向上的偏磨量超过 3mm 时。

b. 通径不大于 179.4mm：在任一半径方向的偏磨量超过 2mm 时。

c. 当密封圈配合部位尺寸磨损量，超过原始产品设计或现行产品设计允许的磨损量时。

d. 当耐磨环或耐磨板磨损量超过原偏差极限时（若适用）。

③对壳体、活塞、顶盖等部件进行无损探伤检验，应符合《石油天然气钻采设备 钻通设备》（GB/T 20174）的要求。

④对壳体、活塞、顶盖等所有与井内介质接触的部件进行硬度检验，硬度值原则上不应低于《石油天然气钻采设备 钻通设备》（GB/T 20174）的要求，同时满足《石油与天然气工业——在油气生产中含 H_2S 环境下使用的材料》（NACE MR0175/ISO 15156）的要求，如果硬度值低于《石油天然气钻采设备 钻通设备》（GB/T 20174）的要求，应根据《钻通设备修理和再制造标准》（API Std 16AR）进行评估。

⑤组装环形防喷器，按《防喷器检验、修理和再制造》（SY/T 6160）的规定进行本体静水压试验和液压控制腔试验，如壳体、顶盖、活塞等承压件和控压件经过再制造，则应按《防喷器检验、修理和再制造》（SY/T 6160）的规定进行本体静水压强度试验和液压控制腔试验，合格后进行关闭试验和通径试验。

二 闸板防喷器

（一）日常维护

①彻底清洗防喷器，用水清洗防喷器机身除去积累的沉积物。
②目视检查防喷器的缺陷和损伤。
③检查所有螺母和螺栓是否松动、损坏。
④井筒压力试压。
⑤用黄油对球面进行润滑。
⑥每 6 个月送有资质的专业机构检测一次。

（二）定期检维修（3 个月）

闸板防喷器按以下内容进行检验：
①清洗防喷器腔室和可清洗的零部件。
②通径磨损在任一半径方向的偏磨量，满足以下要求：
a. 通径大于 179.4mm：在任一半径方向的偏磨量应不超过 3mm。
b. 通径不大于 179.4mm：在任一半径方向的偏磨量应不超过 2mm。
③上下连接紧固件状况。
④按《防喷器检验、修理和再制造》（SY/T 6160）的规定进行防喷器的关闭试验，并目视检验液压控制腔密封情况，试验项目如下：
a. 全封闸板进行密封性能试验。
b. 半封闸板进行封管柱试验。
c. 变径闸板分别试验可密封的最小管柱和最大管柱。

（三）定期检维修（1 年）

闸板防喷器除按 3 个月的规定进行检验外，还应按以下内容进行检验：
①打开侧门或中间法兰，取出闸板，清洗防喷器内部和可清洗的零部件。
②侧门与壳体的连接部位和连接件，应无影响侧门开关和承压能力的缺陷。
③采用目视或渗透探伤方法检验主通径垫环槽，应无影响密封能力的缺陷。
④壳体与侧门的密封部位和密封部件，应无影响密封的缺陷。
⑤闸板轴伸出到行程最大位置后，检验闸板轴，挂钩部位、闸板轴外圆应无损伤、

变形。

⑥闸板轴密封固定机构应无损伤或变形，其配合面应无影响密封的缺陷。

⑦锁紧机构锁紧和解锁应无卡阻。

⑧闸板腔室密封部位应无影响密封的缺陷。

⑨闸板体与闸板轴连接槽应无裂纹、弯曲变形；闸板体宽度高度应无严重磨损、变形。

⑩闸板总成金属件应无影响密封或剪切性能的缺陷，闸板胶芯表面应无磨损、撕裂、脱胶、严重变形、龟裂、起泡等影响密封的缺陷。

⑪已失效或超过两年的闸板胶芯、密封圈应更换。

⑫螺纹孔应无乱扣、缺扣或变形，并能通过螺纹通止规检验。

⑬螺栓、螺母表面应无损伤，并能通过螺纹通止规检验。

⑭按《防喷器检验、修理和再制造》（SY/T 6160）的规定进行液压控制腔试验，试验压力应为额定工作压力。

⑮按《防喷器检验、修理和再制造》（SY/T 6160）的规定进行防喷器的关闭试验，高压试验压力应为环形防喷器额定工作压力。

⑯出厂时间超过13年的防喷器，应按《防喷器检验、修理和再制造》（SY/T 6160）的规定每年进行声发射检测。

（四）定期检维修（3年）

闸板防喷器除按1年的规定进行检验外，还应按至少但不限于以下内容进行检验：

①拆卸所有零件，清洗干净。

②主要零件的关键尺寸〔参见《防喷器检验、修理和再制造》（SY/T 6160）〕，出现下列情况之一者应再制造或更换：

a. 当闸板室的高度和宽度，测量值超过原制造厂说明的极限值时。

b. 通径大于179.4mm：在任一半径方向上的偏磨量超过3mm时。

c. 通径不大于179.4mm：在任一半径方向的偏磨量超过2mm时。

d. 当密封圈配合部位尺寸磨损量，超过原始产品设计或现行产品设计允许的磨损量时。

e. 当侧门铰链孔、铰链座销孔其磨损量超过公差上限0.15mm时（若适用）。

f. 当侧门铰链销外径磨损超过公差下限0.25mm时（若适用）。

g. 当油缸内径磨损量超过公差限，超过原始产品设计或现行产品设计允许的磨损量时或有严重拉槽及防腐层脱落时。

h. 当活塞超过原始产品设计或现行产品设计允许的磨损量时；活塞耐磨环磨损量超过原偏差极限时。

③对壳体、侧门、闸板轴等部件进行无损探伤检验，应符合GB/T 20174—2019的要求。

④对壳体、侧门等与井内介质接触的部件进行硬度检验，硬度值原则上不应低于GB/T 20174—2019的要求，同时满足NACE MR0175/ISO 15156的要求，如果硬度值低于GB/T

20174—2019 的要求，应根据 API Std16AR 进行评估。

⑤壳体出现下列情况之一者应再制造：

a. 当无损检测中任一部位出现超标缺陷或裂纹时。

b. 当壳体与侧门之间的密封面和闸板室密封面出现拉伤、影响密封的凹坑等缺陷时。

c. 当壳体螺栓孔螺纹出现损伤、影响连接性能时。

d. 当法兰密封垫环槽磨损、损坏时。

⑥侧门出现下列情况之一者应再制造或更换：

a. 当任一部位出现超标缺陷或裂纹时。

b. 当密封区域出现严重腐蚀、裂纹、变形、凹坑时。

c. 当侧门下垂或转动困难时。

d. 当连接螺纹孔出现影响承载能力的缺陷时。

⑦闸板轴、闸板体挂钩部位出现裂纹时应更换。

⑧剪切闸板体出现下列情况之一者应更换：

a. 当密封表面出现超标缺陷或裂纹时。

b. 当密封部位腐蚀严重时。

c. 当剪切刀刃部位腐蚀或损伤严重时。

d. 当剪切刀刃部位探伤出现裂纹时。

⑨闸板轴出现下列情况之一者应修理或更换：

a. 当外圆表面有影响密封性能的缺陷时。

b. 当内外螺纹损伤影响连接性能时。

c. 当挂钩部位有严重腐蚀、变形或裂纹时。

d. 当严重变形时。

⑩侧门螺栓表面出现裂纹或螺纹严重损伤时应更换。

⑪锁紧轴出现下列情况之一者应更换：

a. 当防腐层出现掉块、腐蚀影响密封时。

b. 当整体弯曲或螺纹损伤影响锁紧解锁时（若适用）。

c. 当端部四方损伤影响与手动操作总成连接时。

⑫铰链销外径或密封槽出现下列情况之一者应修理或更换（若适用）：

a. 当表面损伤造成漏油或侧门转动困难或下垂时。

b. 当油路孔密封槽及周边损伤造成漏油时。

⑬缸盖密封部位出现裂纹或影响密封的损伤时应修理或更换。

⑭液缸密封部位出现下列情况之一者应修理或更换：

a. 当液缸防腐层掉块、腐蚀出现凹坑影响密封时。

b. 当液缸被拉伤影响密封时。

⑮液压自动锁紧闸板防喷器自动锁紧总成部分的修理宜参照主液缸、主活塞、缸盖等修理方法进行。

⑯按《防喷器检验、修理和再制造》（SY/T 6160）的规定进行本体静水压试验和液压控制腔试验，如壳体、侧门、液缸等承压件和控压件经过再制造，则应按《防喷器检验、修理和再制造》（SY/T 6160）的规定进行本体静水压强度试验和液压控制腔试验，合格后进行关闭试验、闸板锁紧试验和通径试验。

三　平衡泄压管汇

（一）操作前检查

①检查平衡/泄压液压管线无渗漏、破损。
②检查各连接部位的螺栓牢固齐全。
③检查各旋塞阀灵活，开关状态处于工作位置。
④检查平衡/泄压阀手柄灵活可靠。

（二）维护保养

1. 日常保养
①注脂（若使用闸板对闸板或环形对闸板，及时注密封脂）。
②每日施工结束后要给平衡泄压阀注脂。
③检查节流阀操作是否正常。
④检查井筒压力表是否准确（每口井施工前需要将管线内空气排掉）。

2. 定期检维修（3 年）
①检查旋塞阀阀芯和阀座磨损情况，如需更换阀芯和阀座。
②检查驱动马达活塞和螺杆磨损情况，如需更换密封圈。
③检查节流阀阀芯磨损情况，如需更换阀芯。
④检查压力传感器磨损情况。
⑤校正井筒压力表。

思考题

1. 作业主机作业前检查项目有哪些？
2. 操作前卡瓦系统检查项目有哪些？
3. 环形、闸板防喷器日常维保项目有哪些？
4. 桅杆总成作业前检查项目有哪些？
5. 动力系统作业前检查项目有哪些？

扫一扫
获取更多资源

第五章

安全保障

PART

带压作业是在油、气、水井存在井口压力的状态下，进行带压起下管柱等作业，可能发生井喷（环空密封失效、内防喷失效）、油管飞出、油管落井、卡瓦失效、着火爆炸、硫化氢中毒、机械伤害、高压伤害、高空坠落等风险，属典型高风险作业。为确保施工安全，应强化安全保障措施，防止发生事故。

第一节 安全设施

通过应急逃生装置、智能安全系统、防火防爆、防硫化氢等安全措施的建立和合理使用，削减带压作业风险，将事故与危害尽可能降到最低。

一 应急逃生

（一）配备要求

①操作平台应具备两种以上逃生装置（逃生桶、逃生滑道、逃生索、逃生杆），逃生通道数量应不少于操作台作业人员数量，平台上的操作人员均应熟练掌握逃生装置的使用，确保紧急安全撤离。

②井场应设置至少 2 处紧急集合点及 2 条安全逃生通道，紧急集合点位置应设置在井场不同方位，并与安全逃生通道连通。紧急集合点和安全逃生通道应设置标识牌，并标明逃生方向。

（二）功能要求

对高度超过 2m 位置的应急逃生装置，应满足的最低要求如下：

①从工作位置到应急逃生装置，从应急逃生装置到撤离通道、应急集合点的通道必须畅通、没有障碍。

②当通过或使用逃离系统时，高度超过 2m 的地方应配备防坠落设施。

③逃生装置应能满足所有工人能够及时安全逃生。

④受伤或无法行动的工人应能够安全地使用逃生装置。

⑤应按照制造商提供的使用说明书来安装、定期检查和维护撤离系统。

⑥逃生装置的运行不应受到各种环境因素（例如冰、雪、尘埃、污物等）或井筒流出物的不利影响。

（三）应急逃生装置

1. 杆式逃生装置

杆式逃生装置的特点如下：

①逃生杆安装简单、速度可控，演练要求较高。

②逃生杆上下应固定牢靠，下部有软着地措施，杆本体光滑无变径，人员能迅速抓住逃生杆逃生且通道畅通。

③逃生杆应用于作业高度较低的设备，因杆的不稳定性和人员操作不当易导致着陆速度过快受伤，当平台高度大于7m时不推荐使用。

④在人员受伤、井口着火、硫化氢泄漏时，利用杆式逃生将处于危险状态下，且多人逃生需依次等待进行（见图5-1-1）。

图 5-1-1　杆式逃生装置

2. 滑带式逃生装置

滑带式逃生装置的特点如下：

①安装相对简单，平台上采用挂钩与带压作业设备连接，地面用地锚或车辆等措施固定。

②最大承载295kg重量，可供三人同时逃生，可应用于平台高度不大于10m的设备。

③该装置安装角度应不大于45°，对施工场地有一定要求。

④易受到风力影响，稳定性差，作业环境风速要求不大于80km/h。

⑤人员在紧急情况下逃生或风速较大时可能滑出柔性滑带外缘。斜拉式柔性逃生滑带见图5-1-2。

图 5-1-2　滑带式逃生装置

3. 柔性桶式逃生装置

柔性桶式逃生装置的特点如下:

①多层布管柔性逃生滑道采用防火丝制成品,耐高温800℃。

②每隔70cm有阻尼环人员不会直线下滑,通过手臂或腿部展开来控制下滑速度,承载重量300kg以上,可供三人同时逃生,一般在12m高度下10s以内可逃生到地面。

③垂直安装,安装简单,可根据带压作业设备的高度调整长度,底部与地面的距离保持1m左右方便人员逃出。

④该装置放置在专用存储箱内可以防潮防晒,成本较高,逃生人员无法观察到外部环境变化。多层布管柔性逃生滑道见图5-1-3。

图5-1-3　柔性桶式逃生装置

4. 下降器式逃生装置

下降器式逃生装置的特点如下:

①下降器属于绳索式自锁速差器类逃生装置,最大承载140kg重量,低速类每秒2~3m,高速类每秒2.5~6m。

②安装时需要利用一根钢丝绳作为承重导向绳,承重导向绳上下必须固定牢靠,固定点能承载人员下滑重量,角度为30°~60°,下部有软着陆措施。

③因一套下降器一次只能逃离一人,如果平台上有多人操作则需不同角度安装多套下降器,并合理分配使用。平台上作业人员需一直穿戴多功能保险带,逃生时才能迅速挂到胸口D形环。

④该装置对场地有一定要求,需要逃生人员进行专门训练,伤员无法逃生,井口着火及有毒有害气体泄漏时逃离过程仍处于危害下,高度超过20m不推荐使用(图5-1-4)。

图 5-1-4　下降器式逃生装置

5.滑道式逃生装置

滑道式逃生装置的特点如下：

①该装置适用最大高度 25m。

②可调节安装高度、可快速安装。

③紧急情况下可实现多人同时逃生，撤离速度快。

④受安装角度的限制，对作业场地要求较高（图 5-1-5）。

图 5-1-5　滑道式逃生装置

6.其他逃生装置

在进行高压井施工时，带压作业平台增高，常用逃生装置无法满足现场需求，继而出现了楼梯式逃生、载人吊车逃生等方式。

以上几种逃生设施各有优点与缺点，也有相应的使用环境（表5-1-1）。无论选择哪种应急逃生装置，现场均应布置有风向标、逃生路线、应急集合点。

表 5-1-1　逃生方式优缺点对比表

逃生方式	优点	缺点	建议使用环境
杆式	（1）安装简单； （2）速度可控	（1）个人训练要求高； （2）杆基础牢靠； （3）伤员无法逃生； （4）着火情况下较危险； （5）含硫情况下较危险； （6）不能同时多人逃生	（1）作业高度较低的设备（如170K、80K等设备）； （2）不含硫化氢井
滑带式	（1）安装相对简单； （2）可多人同时逃生； （3）两级安全保护	（1）高度有限（小于10m）； （2）空中稳定性差，人员可能滑出； （3）对起跳位置、方式、方向有要求	（1）作业高度较低的设备（如170K、80K等设备）； （2）含硫化氢井
下降器式	（1）安装相对简单； （2）安装多个装置，可多人逃生； （3）速度稳定适中	（1）个人训练要求较高； （2）绳索基础必须牢靠； （3）伤员无法逃生； （4）着火情况下较危险； （5）含硫情况下较危险	（1）小于20m高度； （2）不含硫化氢井
滑道式	（1）可多人同时逃生； （2）受伤下也可逃生； （3）不需特别逃生技巧	（1）安装较为复杂，安装时间长； （2）成本较高； （3）滑道式对高度变化难适应； （4）速度不可控	（1）小于20m高度； （2）含硫化氢井
柔性桶式	（1）可多人同时逃生； （2）速度可控； （3）受伤下也可逃生； （4）不需特别逃生技巧； （5）安装简单； （6）高度可调	（1）成本较高； （2）逃生人员对外部环境无法观察	（1）高度大于7m作业； （2）含硫化氢井

二　智能安全系统

（一）举升机卡瓦互锁系统

1.分类

卡瓦互锁系统分为机械式卡瓦互锁、液压式卡瓦互锁和电控液式卡瓦互锁。

①机械式卡瓦互锁是通过机械机构控制卡瓦操作手柄，当一个手柄处于开位时，另外一个手柄无法打开，只能用于相邻的两个手柄，局限性较大。

②液压式互锁是通过先导单向阀来控制回路的通断，从而实现卡瓦互锁，目前通用的是液压式卡瓦互锁（图5-1-6）。

图 5-1-6　卡瓦互锁系统

③电控液式是通过电子传感器，监测卡瓦载荷，再控制卡瓦回路实现互锁，电控液式卡瓦互锁，由于电子产品存在延时，操作不方便。

2.液压式卡瓦互锁装置

（1）结构组成

由液压阀、液压管汇、液压管组成，可以作为功能加强组件被安装在带压作业机的液压系统回路里。安装后，其便成为带压作业机卡瓦液压控制回路的一部分，可以控制卡瓦液压控制阀与卡瓦液压缸之间的油路。被控制的卡瓦分成两对，其中游动承重卡瓦和固定承重卡瓦为一对，游动防顶卡瓦和固定防顶卡瓦为另一对。

（2）工作原理

①通过采集液压回路里的一个先导压力信号来打开或关闭一个单向阀，从而阻断或开放通向驱动卡瓦动作的液压缸的油路。油路被阻断，则卡瓦就不能打开；油路被开放，则卡瓦可以被打开。

②当成对卡瓦中的一个卡瓦处于打开位置时，先导压力信号控制单向阀阻断另一个卡瓦的油路使其不能打开；而当这个卡瓦处于关闭位置时，先导压力信号将打开单向阀从而开放另一个卡瓦的油路。

③当带压作业施工进行到某些特定阶段时，需要将成对的卡瓦同时打开，操作手可以打开控制台一侧的旁通阀组使卡瓦互锁装置暂时失效，从而允许操作手将成对卡瓦同时打开。当施工恢复正常后，将旁通阀组关闭，卡瓦互锁装置将恢复控制。

（二）智能采集、监控系统

1.结构组成

由安装在带压作业机操作台上的 PLC 主机和带压作业机关键部位的电子传感器组成（图 5-1-7）。

2.功能

①通过主机实时观察带压作业机关键部位的工作状态，并能及时发现问题。

②通过安装在举升机液压回路中的压力传感器，实时监视井内管柱的悬重指示。

③及时发现井下的异常情况，并及时作出应对措施，以避免情况进一步恶化。

④通过安装在卡瓦上的电子传感器，可实时监测卡瓦开关状态（图 5-1-8 ）。

图 5-1-7　智能采集、监控系统　　　　图 5-1-8　卡瓦开关状态监控

⑤通过安装在工作防喷器活塞杆上的电子传感器，可实时检测防喷器的开关状态，以及实现互锁功能，防止误操作（图 5-1-9 ）。

图 5-1-9　工作防喷器开关状态监控

⑥在远离施工现场的办公室内对施工情况进行实时监视并采集存储施工数据和影像资料。

⑦可存储大量数据和影像资料，便于进行回放和资料拷贝。

（一）用途

井口稳定器是坐落于井口，防止井口承受重力过大，起到保护井口的一套机械化设备（图 5-1-10）。

图 5-1-10　井口稳定器

（二）结构组成

主要由承压部分、支撑调节部分、承重部分、底座、护栏及辅助件六部分组成。

（三）安装与调节

1. 安装

①井口稳定器两个底座分别放置在井口的两侧，使其与地面有足够的接触面积，从而保证整体的平稳。

②平稳后，将组装完成的主体坐在底座上，使底座的配板与跨顶配板保持对正，对正完成后，插上固定插销，固定主体，组装完成。

③由于加工生产等原因，底座与主体之间的连接不能达到完全互换，所以底座与调节支撑腿之间应做上标识，以便下次安装使用。

④根据井口四通的不同，主机更换短节与法兰后，可实现与18-70和18-105两种井口四通的对接。

2. 调节

井口稳定器应根据井口高度进行调节，调节方式有固定调节与连续调节两种。

①固定调节是指调节范围只能是固定值调节，这种调节方式适合大范围的调节。

②连续调节是指调节范围并非固定值，可以连续变化，这种调节方式适合微调。

（四）维护与保养

①运输及安装使用过程中要避免磕碰，保证表面喷漆的完整性。

②每次作业完成后应将设备及时清洗，减少腐蚀。

③安装、使用或长途运输时，避免与其他物体发生碰撞。

④参照其产品使用说明书定期维护保养。

第二节 风险评估

一 一般要求

①带压作业井施工前应对不同类型井（表5-2-1）的施工环境、施工井况、施工工艺、施工人员素质、设备因素、施工材料等方面进行风险分析、安全评估。

②依据风险评估结果制订风险应对方案，满足施工条件方可施工。

表5-2-1 带压作业机施工井类型

施工条件	类型		
	一类井	二类井	三类井
井内控制压力	≥ 21MPa	7~21MPa	≤ 7MPa
硫化氢浓度	≥ 30mg/m³	< 30mg/m³	
施工工艺	钻、套、磨、铣等旋转作业施工	增产措施、冲洗循环、打捞等措施施工	一般带压施工

二 风险评估考虑因素

（一）环境因素

①施工井的井场尺寸、位置、交叉作业等。

②施工井场周边环境（村庄、学校、地表水、海洋、山地、森林、植被等）。

③作业时的极端气候条件（大风、沙尘暴、雷电、暴风、雨、雪、大雾、极低温度、超高温度等）。

（二）施工井井况

①套管、油管的承压能力。

②地层出水、出砂情况。

③套管破损、缩径变形、井斜度、狗腿度等。

④油管内结垢、结蜡、腐蚀、漏失等情况。

⑤有毒有害气体含量。

⑥油气藏中流体含有挥发性或腐蚀性成分。

⑦地层压力和关井压力。

⑧井筒和地面设备内有爆炸性混合物。

⑨井下管柱组合、下入深度、工具串复杂程度。

（三）施工工艺

①工艺技术的成熟情况。

②工艺技术的适用条件。

③施工过程的风险控制措施可靠程度。

（四）人员因素

①作业人员的素质和经验。

②作业人员配备、人员状态。

③作业人员培训与持证情况。

（五）设备因素

①设备配置、设备载荷、设备性能。

②设备检测与认证。

③地面设备安全隐患。

④设备配套的完整性。

（六）材料因素

①管柱内压力控制工具安全性能。

②施工管材密封及耐压级别、弯曲载荷及抗力强度。

第三节 应急处置

为提高带压起下油管作业突发事件的应急救援处置能力和协调水平，预防和控制事故，保障人员安全，最大限度地减少财产损失、环境破坏和社会影响，现场作业人员在面对突发重特大事件时，应快速反应、有效控制和妥善处理，保证应急工作科学有序。本节为通用应急处置程序，具体操作按照《现场应急处置方案》执行。

一 一般要求

①施工作业前应向所有施工人员进行现场处置方案交底。

②施工工艺发生变化时，应重新进行风险评估，修订现场处置方案并组织演练。

③根据风险评估结果，现场应配备相应的应急设施和物资，包括但不限于正压式空气呼吸器、固定及便携式气体检测仪、应急照明灯、消防器材、急救药箱等。

④作业前应组织全体员工进行演练，开工前进行一次环空密封失效、油管内压力控制工具（内堵塞）失效、高处坠落、火灾爆炸等的应急演练并保留演习记录，演练完成后组织全体员工对应急程序进行再评估，直至演练、培训合格。

⑤每周应进行一次操作台逃生演练并保留记录。

二 应急处置程序

（一）井口（四通与大闸阀法兰连接、四通侧翼阀门）刺漏失效

1. 发信号

发现井口（四通与大闸阀法兰连接、四通侧翼阀门）刺漏，立即用防爆对讲机向带班干部报告，接到报告后，带班干部下令停止作业，按应急处置程序处置，操作手立即发出报警信号，时间达到 30s 以上，警示参与带压施工的相关人员当前出现紧急状况，需立即进入应急响应状态。

2. 汇报甲方

汇报甲方提高产量，降低井压。

3. 抢坐悬挂器

打开井口防爆排风扇，降低井口可燃气体浓度，施工人员按照程序抢坐悬挂器。

4. 拆设备

按工序拆卸带压作业设备，恢复井口。

5. 应急集合点集合

在集合点主要清点人数、检查人员受伤情况，判断、讨论险情程度，确定应急措施。

（二）带压起下油管过程中设备液控管线刺漏的应急处置程序

1. 发信号

发现液控管线刺漏，立即用防爆对讲机向带班干部报告，接到报告后，带班干部下令停止作业，按应急处置程序处置，操作手立即发出报警信号，时间达到30s以上，警示参与带压施工的相关人员当前出现紧急状况，需立即进入应急响应状态。

2. 抢装全通径旋塞阀

抢装全通径旋塞阀、压力表等，上紧螺纹并关闭旋塞阀。全通径旋塞阀便于下一步下油管内压力控制工具，调整油管柱位置，使工作防喷器闸板或安全防喷器闸板关闭位置避开油管接箍。如果不具备抢装条件，人员应紧急逃生撤离操作台，执行第4步。

3. 关卡瓦

轻管柱作业时应根据当时作业工况，关闭一组防顶卡瓦，如正在起下管柱期间，此时游动防顶卡瓦处于关闭状态，液缸位置调整合适后关闭固定防顶卡瓦；在中和点以下作业时，管柱转换为重管柱状态，应立即关闭一组承重卡瓦。

4. 关防喷器

根据管柱接箍位置，关闭相应工作闸板防喷器、安全闸板防喷器，保证环空有两级及以上的机械屏障，需要注意避免闸板夹到管柱接箍位置，然后释放防喷器组内压力，确保环形空间密封可靠。如人员逃生撤离操作台，地面人员直接关闭剪切防喷器、全封闸板防喷器。

5. 更换液压管线

对设备液压系统泄压，更换新管线，将情况报告给带班干部。

6. 应急集合点集合

在集合点主要清点人数、检查人员受伤情况，判断、讨论险情程度，确定应急措施。

（三）管柱内压力控制工具失效

1. 发信号

油、气、水从管柱内喷出，操作手判断油管内压力控制工具失去控制功能，立即发出报警信号，时间达到30s以上，警示参与带压施工的相关人员当前出现紧急状况，需立即进入应急响应状态。

2. 抢装全通径旋塞阀

如油管内部有少量气体外逸，抢装全通径旋塞阀、压力表等，上紧螺纹并关闭旋塞阀。全通径旋塞阀便于下一步下油管内压力控制工具，调整油管柱位置，使工作防喷器闸板或安全防喷器闸板关闭位置避开油管接箍。如油管大量泄漏，不具备抢装条件时，人员应紧急逃生撤离操作台，执行第4步。

3. 关卡瓦

轻管柱作业时应根据当时作业工况，关闭一组防顶卡瓦，如正在下管柱期间，此时游动防顶卡瓦处于关闭状态，液缸位置调整合适后关闭固定防顶卡瓦；在中和点附近作业时，由于内堵塞失效，有效横截面积减小，油管受到的上顶力减小，油管自重大于上顶力，管柱瞬间转换为重管柱状态，因此，应立即关闭一组承重卡瓦。

4. 关防喷器

根据管柱接箍位置，关闭相应工作闸板防喷器、安全闸板防喷器，保证环空有两级及以上的机械屏障，需要注意避免闸板夹到管柱接箍位置，然后释放防喷器组内压力，确保环形空间密封可靠。如人员逃生撤离操作台，地面人员直接关闭剪切防喷器（若未能剪断管柱，应关闭储能器高压截止阀，打开气动/电动泵旁通阀，由气动泵/电动泵直接增压，直至剪断井内管柱）、全封闸板防喷器。

5. 应急集合点集合

在集合点主要清点人数、检查人员受伤情况，判断、讨论险情程度，确定应急措施。

（四）环空密封失效

1. 发信号

操作手判断管柱环空失去控制，油、气、水从管柱外环空喷出，立即发出报警信号，时间达到30s以上，警示参与带压施工的相关人员当前出现紧急状况，需立即进入应急响应状态。

2. 关防喷器

①环形胶芯密封失效，关下工作闸板防喷器或调高环形防喷器关闭压力。

②上工作闸板防喷器失效，关下工作闸板防喷器。

③下工作闸板防喷器失效，关上工作闸板防喷器。

3. 调整液缸至适当位置

调整液缸至便于装旋塞阀的适当位置，使油管接箍避开工作防喷器闸板或安全防喷器闸板，同时有利于安装回压阀或旋塞阀。

4. 关相应卡瓦

轻管柱作业关闭一组防顶卡瓦；中和点作业时关闭一组防顶卡瓦、承重卡瓦；重管柱作业关闭一组承重卡瓦。

5. 装旋塞阀，关闭旋塞阀

抢装全通径旋塞阀、压力表等，上紧螺纹并关闭旋塞阀。

6. 关安全闸板防喷器

一旦工作防喷器密封失效，应及时更换密封胶芯。如果是环形胶芯密封失效或上工作闸板防喷器失效，应关闭安全闸板防喷器，释放安全防喷器以上压力，再关闭下工作闸板防喷器，然后组织更换；如果是下工作闸板密封失效，应关闭安全防喷器组，释放安全防喷器以上压力，然后组织更换。

7. 应急集合点清点人员

在集合点主要清点人数、检查人员受伤情况，判断、讨论险情程度，确定应急措施。

（五）卡瓦失效

1. 发信号

操作手判断卡瓦无法正常卡住管柱，出现管柱不能控制上窜或下落现象，立即发出报警信号，时间达到 30s 以上，警示参与带压施工的相关人员当前出现紧急状况，需立即进入应急响应状态。

2. 关闭卡瓦

主操作手迅速判断卡瓦失效是否得到控制，如未控制住，在判断油管接箍避开工作防喷器闸板关闭位置后立即果断关闭相应的工作防喷器。如情况紧急，可直接将所有卡瓦开关控制手柄推至关位。

3. 关防喷器

关闭工作闸板防喷器或关闭安全防喷器，使环空密封可靠。

4. 释放防喷器压力

释放安全防喷器以上压力，确保更换卡瓦时人员操作安全。

5. 装旋塞阀

抢装全通径旋塞阀、压力表等，上紧螺纹并关闭旋塞阀。

6. 应急集合点清点人员

在集合点主要清点人数、检查人员受伤情况，判断、讨论险情程度，确定应急措施。

（六）动力源失效

1. 发出信号

操作手判断控制系统出现异常，无法正常进行控制操作或动力源突然熄火，立即发出报警信号，时间达到 30s 以上，警示参与带压施工的相关人员当前出现紧急状况，需立即进入应急响应状态。

2. 调整管柱位置

调整液缸（管柱接箍）至适当位置（便于装旋塞阀），在重管柱状态下，关承重卡瓦；在轻管柱状态下，关防顶卡瓦。

3. 关防喷器

根据管柱外径和接箍位置，关闭相应工作防喷器和安全防喷器并锁定。

4. 装旋塞阀

抢装全通径旋塞阀、压力表等，上紧螺纹并关闭旋塞阀。

5. 撤离人员并分析查找原因

撤离操作台人员，判断、讨论险情程度，确定应急措施。

（七）管柱失稳

1. 发出报警信号

操作手判断管柱出现无控制上窜或下落时，立即发出报警信号，时间达到 30s 以上，警示参与带压施工的相关人员当前出现紧急状况，需立即进入应急响应状态。

2. 关闭相应卡瓦

主操作手迅速关闭相应卡瓦，判断卡瓦失效是否得到控制，情况紧急时可直接将所有卡瓦开关控制手柄推至关位。

3. 关闭所有可能的工作闸板防喷器

关闭工作闸板防喷器或关闭安全防喷器，使环空密封可靠。

4. 如油管落井，应立即关闭全封闸板防喷器

油管一旦掉落井内，环空压力失去控制手段，只有关闭全封闸板防喷器，如果井口配备了大通径平板阀，应增加一级压力控制屏障，关闭大通径平板阀。

5. 释放防喷器压力

释放安全防喷器以上压力，确保更换卡瓦时人员操作安全。

6. 装旋塞阀

抢装全通径旋塞阀、压力表等，上紧螺纹并关闭旋塞阀。

7. 应急集合点清点人员

在集合点主要清点人数、检查人员受伤情况，判断、讨论险情程度，确定应急措施。

（八）有毒有害气体泄漏

1. 发出报警信号

气体监测发出报警信号，操作手判断含有毒有害气体从井内逸出，立即发出报警信号，时间达到 30s 以上，警示参与带压施工的相关人员当前出现紧急状况，需立即进入应急响应状态。

2. 佩戴合适的个人呼吸保护设备

每班作业前将分配的空呼保护器放置在专用位置，检查调试合适。

3. 采取紧急措施控制有毒有害气体泄漏点

①若环形防喷器泄漏，立即关闭下工作防喷器，关安全防喷器，泄压。

②若工作防喷器泄漏，立即关闭安全闸板防喷器，泄压。

③若油管内压力控制工具泄漏，立即抢装全通径旋塞阀并关闭。

④若防喷器侧门泄漏，立即关闭安全闸板防喷器，泄压。若含硫井油管内压力控制工具失效，在抢装全通径旋塞阀无望的情况下，可按照规定程序关闭剪切闸板防喷器。

4. 撤离至紧急集合点

人员撤离时，应向上风方向撤离。

5. 清点现场人数

根据清点人数情况，决定是否采取紧急救援行动，搜寻失踪人员。

思考题

1. 简述卡瓦互锁功能的工作原理。
2. 简述常用逃生装置类型。
3. 简述油管内压力控制工具失效后的应急程序。
4. 应急处置的一般要求有哪些?
5. 简述风险评估主要考虑因素。

扫一扫
获取更多资源

第五章 安全保障

第六章

操作项目

基于海德瑞（Hydra Rig）225K 带压作业机的拆装、调试、带压起下管柱、坐悬挂器常用操作方法编写操作项目。

第一节　设备拆装、调试、试压

一　设备安装

（一）操作步骤

①关闭井口大闸阀，从采气树清蜡阀门压力表考克处放空井口大闸阀闸板以上压力，验证大闸阀的密封性，观察 2h 压力不升为合格。若压力升高，则通知厂家注密封脂，确保井口大闸门密封；若井口大闸阀密封情况良好，则直接执行下步工序。

②拆除采气树，吊运至井场物料区，防渗布下铺、上盖保存。

③按照施工设计要求，在井口大闸阀自下而上依次安装带压作业设备：变径（如需要）、下安全闸板防喷器、全封闸板防喷器、剪切闸板防喷器、上安全闸板防喷器。

④自下而上依次安装防喷器操作平台、下工作闸板防喷器、上工作闸板防喷器，安装平衡泄压管汇后，在工作闸板防喷器顶部安装第一组绷绳，用绷绳固定好防喷器组。

⑤安装变径法兰、环形防喷器和工作窗平台。

⑥安装举升机，连接与地锚箱的第二组绷绳，用绷绳固定好举升机。

⑦安装提升窗、操作篮、梯子、桅杆及操作篮附属设备。

⑧安装补泄压流程。

⑨安装、连接各液控管线。

⑩进行启动前安全检查，记录从操作工作平台到工作窗、上工作闸板防喷器、下工作闸板防喷器、上安全闸板防喷器、剪切闸板防喷器、全封闸板防喷器、下安全闸板防喷器、井口大闸阀、油管头、地面、顶丝的距离。

（二）技术要求

①施工设备应有出厂合格证，并具有有资质的专业检测机构出具的合格检测报告。

②带压作业机应按安全防喷器组、工作防喷器组、举升机和辅助配套装置等顺序自下而上进行安装；钢圈、钢圈槽应清洁无损，法兰螺栓安装齐全、紧固。

③防喷器组安装完毕后应进行固定，紧固绷绳应受力均匀。

④工具串长度大于密封腔高度时，应加装升高密封短节、密封伸缩管、防喷管。

⑤防喷器组应挂牌明示开关状态。

⑥法兰螺栓用 60 型液压扭矩扳手对角上紧，确保紧固，上、下法兰间隙要一致，受力应均匀，螺栓上紧后上部螺杆露出螺母 3mm。

⑦举升机应从 4 个方向对称安装钢丝绷绳。高度超过 5m 时，每增加 5m 增加一组绷绳，钢丝绳与地面夹角呈 30°~60°。

⑧绷绳应使用水泥浇注地锚、水箱地锚等固定，并受力均匀；不应使用井场设备、设施代替地锚，地锚最低承载力不低于 80kN。

⑨快插式液压管线安装时应安装防脱装置。

⑩动力源距离施工井井口应不少于 10m。

⑪安装后应检查、校准带压作业机水平，带压作业装置游动卡瓦与井口偏差不超过 10mm。

⑫拆卸前应对悬挂器以上井口及所有管线卸压，确认压力为零。

⑬先拆除桅杆、液压钳吊臂和全部液压管线后，按照设备安装相反顺序进行设备拆除。

⑭吊拆设备时应挂好吊绳试提所吊设备并保持负荷，再拆除连接螺栓和相应的绷绳。

（三）注意事项

①施工前做好技术交底、安全教育，施工人员应正确穿戴好劳保用品。

②施工前分工明确，确保安全操作。

③井口周围具备足够操作空间，便于人员操作、撤离。

④吊装作业时，严格执行"十不吊"安全管理规定，使用好推拉杆、牵引绳。

⑤直接作业环节开具票据、JSA 分析，全过程视频监控，做好安全防护，监护人全程旁站监护。

⑥使用防爆工具，操作完毕要做到工完、料净。

二　设备调试

（一）操作步骤

①用油管悬挂器对所有需要通过油管悬挂器的设备进行通径。

②检查调试带压作业设备各系统是否正常。

③高速模式、低速模式、两腿模式、四腿模式各运行举升机 5min。

④游动承重卡瓦、游动防顶卡瓦、固定防顶卡瓦、固定承重卡瓦各开关 3 次以上，检查开关情况及反应速度，卡瓦互锁装置是否正常。

⑤液压绞车上提下放 3~5 次，连接 2 根油管带负荷上提下放 1 次。

⑥液压大钳调试背钳开关，主钳正转反转，提升液压钳液缸上行下行，无卡阻现象。

⑦检查远程控制台、动力源、空气压缩机，发动机、电机启动运转正常，液压泵运转正常，各仪表指示正常，蓄能器装置确保蓄能瓶压力正常，低压警报工作良好，气动泵、电动泵运转良好，检查蓄能器压力 18.5~21MPa、管汇压力 10.5MPa，气源压力 0.6~0.8MPa。

⑧开关安全闸板防喷器、工作闸板防喷器 3 次以上，检查开关到位情况及反应速度。

（二）技术要求

①液压管线用保护套保护，与设备接触处加装橡胶滚轮，防止液压管线磨损。

②远程控制台和防喷器之间的液路连接管线在连接时应清洁干净，无渗漏，液压管线两端用红、蓝颜色的贴纸标记开、关状态，并确保连接正确，液压控制管线放入管线盒内，防止踩踏，液压管线接头禁止放于管线盒内。

③远程控制台全封闸板防喷器、剪切闸板防喷器控制开关手柄分别设置硬隔离、挂牌上锁，须监护人员和操作人员双岗确认。

④控制阀件操作灵活、控制对象响应正确、灵敏。

⑤确保防喷器闸板尺寸、液压卡瓦钳牙、液压钳钳牙与油管尺寸匹配、一致。

（三）注意事项

①施工人员应穿戴好劳保用品。

②施工前分工明确，确保安全操作。

③井口周围具备足够操作空间，便于人员操作、撤离。

④井口调试时，做好安全防护。

⑤操作完毕要做到工完、料净。

三　设备试压

（一）操作步骤

①在下安全闸板防喷器侧接口连接试压管线，打开所有和防喷器组相连的闸门。

②在试压油管顶部安装全通径旋塞阀，按照自下而上顺序依次对安全闸板防喷器、工作闸板防喷器、环形防喷器、平衡管线、泄压节流管线等逐级试压。

③关闭游动防顶卡瓦、游动承重卡瓦、固定防顶卡瓦，举升机上提油管 3t。

④内堵塞工具（破裂盘）试压：地面对两个破裂盘分别反向进行高压测试。

⑤对防喷器组分别逐级试压

a. 全封闸板防喷器试压步骤：

（a）井口大闸阀到工作窗之间灌满清水。

（b）关闭全封闸板防喷器，从下安全闸板防喷器侧接口打压。

（c）进行低、高压测试。

b. 环形防喷器试压步骤：

（a）井口大闸阀到工作窗之间灌满清水。

（b）下油管（根据带压作业设备结构配 1~2 根油管），顶部带油管旋塞阀，下入井口大闸阀上方。

（c）关闭环形防喷器，从下安全防喷器侧接口打压。

（d）进行低、高压测试。

c. 上工作闸板防喷器试压步骤：

（a）关闭上工作闸板防喷器，从下安全闸板防喷器侧接口打压。

（b）进行低、高压测试。

d. 同理对下工作闸板防喷器，上安全闸板防喷器，下安全闸板防喷器进行试压。

⑥平衡管汇、泄压节流管汇等井控管汇及其部件应进行逐级试压。

⑦试压结束，泄掉防喷器内试压压力，起出试压油管。

（二）技术要求

①闸板防喷器高压试压压力值应不低于井口压力的 1.5 倍或额定压力。试压值的稳压时间应不少于 15 min，压降应不大于 0.7MPa。低压试压压力值为 1.4~2.1MPa，稳压时间应不少于 15 min，压降应不大于 0.07MPa。

②环形防喷器试压压力值应为额定压力的 70%，稳压时间应不少于 15min，压降应不大于 0.7MPa。

③平衡管汇、泄压节流管汇等井控管汇及其部件均应按设计进行逐级试压。泄压管线试压 10MPa，稳压时间应不少于 15min，压降不大于 0.7MPa。

④破裂盘类工具反向试压值为额定压力的 80%。

⑤试压过程保存试压曲线并由现场监督确认。

（三）注意事项

①施工人员分工明确，确保安全操作。

②施工前做好技术交底、安全教育，施工人员穿戴好劳保用品。

③试压泵、试压管线等完好，试压管线连接紧固、无渗漏。

④试压时，试压区域用警戒线圈闭隔离，无关人员严禁靠近。

⑤井口周围具备足够操作空间，便于人员操作、撤离。

⑥开具票据、JSA 分析，全过程视频监控，做好安全防护。

⑦使用防爆工具，操作完毕要做到工完、料净。

（一）操作步骤

1. 操作台内拆卸

①将液压钳吊臂液压管线接头接至桅杆升降接头上，打开锁销，收回上节桅杆，锁定锁销，收回绞车钢丝绳。

②拆卸液压管线。

③依次拆卸逃生装置、液压钳、防喷器司钻控制装置、游动卡瓦等。

2. 拆卸桅杆

①拆卸前认真检查所有绷绳及支腿处于正常受力状态。

②所用工具准备齐全并拴牢，作业人员分别在桅杆底部三角架内及操作平台配合作业。

③操作平台作业人员将桅杆伸缩液缸与桅杆吊环连接，调整桅杆倾斜度。

④三角架的作业人员将桅杆与操作平台支撑架相连的销子拆下，桅杆离开支撑架后再将销子插入。

⑤拆桅杆在操作平台上的固定销，将桅杆平稳吊至地面，放置桅杆橇内固定。

3. 拆卸操作平台

①拆卸操作平台直梯，平稳吊至地面放平。

②位于操作平台上的作业人员，挂好吊钩，在底部系好尾绳。

③拆卸操作平台支撑架下部的连接螺栓，拆完后下至二层台等待下步工作。

④拉好尾绳，用吊车将操作平台平稳吊至地面，防止平台两侧液压管线挂碰绷绳。

4. 拆卸举升机

①用吊车吊住举升机并将吊绳带紧。

②拆卸举升机主液压管线，放置液压管线篮。

③拆卸举升机与工作窗的连接螺栓，同时调松与举升机连接的四道绷绳的紧度直至能摘下挂钩。

④将举升机平稳吊放至举升机橇装底座上，上紧固定螺栓，缓慢平放。

5. 拆卸工作窗平台

①拆卸工作窗平台直梯，平稳吊至地面放平。

②用吊车吊住工作窗平台。

③拆卸环形防喷器底部连接螺栓。

④将工作窗平台与环形防喷器平稳吊至地面（不需要安装环形防喷器的井此步骤省去）。

6. 拆卸防喷器组

①拆卸泄压管汇。

②用防喷器专用吊装螺栓吊住上工作闸板防喷器。

③拆卸下安全闸板防喷器与井口连接螺栓。

④将工作闸板防喷器与安全闸板防喷器组合平稳吊至防喷器底座上，固定连接螺栓。

7. 安装井口采油（气）树

安装井口采油（气）树，试压合格。

8. 地面拆卸

①拆卸操作平台与提升窗连接螺栓。

②拆卸工作窗平台与环形防喷器连接螺栓，将环形防喷器放置在防喷器底座并固定连接螺栓。

③分别拆卸工作窗平台与环形防喷器连接螺栓，工作闸板防喷器组、防喷器平台与安全闸板防喷器组连接螺栓，防喷器放置在防喷器底座上并固定连接螺栓，做搬迁准备。

（二）技术要求

①设备拆卸前，应认真检查所有绷绳及支腿处于正常受力状态。

②吊车将操作平台平稳吊至地面，拉好牵引绳，防止平台两侧液压管线挂碰绷绳。

③带有法兰盘放置于地上的一定要用木板等垫高，以免伤及密封垫环槽。

④拆卸前应对悬挂器以上井口及所有管线卸压，确认压力为零。

⑤先拆除桅杆、液压钳吊臂和全部液压管线后，再按照设备安装相反顺序进行设备拆除。

（三）注意事项

①施工前人员分工明确，应穿戴好劳保用品，确保安全操作。

②作业全程监督指导，如遇异常情况，及时汇报制定措施，确保施工安全。

③吊装作业执行"十不吊"，涉及的高处作业，应执行作业许可制度。

④吊装作业前现场应进行安全技术交底，明确指挥人员、指挥信号及各人员职责。现场应设置监护岗位，并对吊装设备、索具、吊钩等进行检查。

⑤吊车操作人员应按照指挥人员发出的信号进行操作，任何人发出的紧急停车信号均应立即执行。

⑥设备吊装或就位时，绳索应拴挂在吊耳等专用挂点上，司索人员摘挂完绳索并撤离至安全位置，指挥人员确认后方可指挥起吊。应使用牵引绳、推拉杆等辅助就位。

⑦应根据作业最大负载及提升高度确定吊车摆车位置，吊车区上方开阔无阻挡物，操作人员有良好的视线。

⑧登高作业人员应采取防坠落措施，工具应配备安全绳，不应抛掷物件或工具。

⑨高空检维修宜采用高空作业车等设备，并符合安全作业相关要求。

⑩大雪、暴雨、雷电、大雾、光线不足以及 6 级以上大风天气情况下不应进行吊装作业。

⑪设备摆放区域留有足够的安全通道，便于人员操作、撤离。

⑫使用防爆工具，操作完毕要做到工完、料净。

第二节　带压起下管柱

一　带压下管柱

（一）操作步骤

①按照施工设计，地面连接入井工具及油管。

②用液压绞车将带有内防喷工具的油管从地面提到操作平台上，将油管放入举升机内，当油管下过固定承重卡瓦时，关闭固定承重卡瓦。

③再提一根油管到操作平台与第一根油管连接。

④举升机上移，关闭游动承重卡瓦，打开固定承重卡瓦，用举升机将油管下到全封闸板上部，上提 0.3m。

⑤关闭固定防顶卡瓦，打开游动承重卡瓦，关闭游动防顶卡瓦。

⑥关闭平衡及泄压管汇液动旋塞阀，关闭下工作闸板防喷器。

⑦提起一根油管与井口油管连接，打开游动防顶卡瓦，举升机上行，关闭游动防顶卡瓦。

⑧打开固定防顶卡瓦，打开全封闸板防喷器，继续下油管。

⑨举升机到底部后，关闭固定防顶卡瓦，将举升机移到顶部。

⑩关闭游动防顶卡瓦，打开固定防顶卡瓦，继续下油管。

⑪当油管接箍下到上工作闸板防喷器和下工作闸板防喷器之间时，关闭上工作闸板防喷器。

⑫打开平衡管汇上的液动旋塞阀，压力平衡后关闭液动平衡阀。

⑬打开下工作闸板防喷器过油管接箍，继续下油管。

⑭油管接箍下到下工作闸板防喷器以下后，关闭下工作闸板防喷器。

⑮打开泄压管汇上的液动旋塞阀，泄压为 0，关闭液动泄压阀。

⑯打开上工作闸板防喷器，举升机下行。

⑰重复⑨至⑯步骤，继续下油管。

⑱在处于设计平衡点正负 15 根油管时，同时使用游动防顶卡瓦和承重卡瓦，当管重大于上顶力时改用承重卡瓦作业。

（二）技术要求

①使用卡瓦互锁装置，防止防顶或承重卡瓦组同时打开。

②施工前应对带压作业设备进行安全检查，并重点检查防喷器组、动力源、举升机、远控台等。

③施工前应根据油管类型、井口实际压力，计算管柱最大无支撑长度，并设定举升机最大安全下压力（或最大安全上提力）及行程，设定行程应小于油管最大无支撑长度。

④油管应丝扣完好、管体无损，入井内堵工具应不少于 2 个且合格。

⑤起下管柱作业时，禁止人员上下工作平台。

⑥起下管柱作业应严格执行安全操作规程，起下大直径工具时，应注意防止动密封防喷器闸板关闭不到位。

⑦油管可根据井口压力使用环形防喷器或倒换工作闸板防喷器组等方式起下，应根据油管接箍外径、防喷器内压力、补偿压力等因素选择油管起下方式。

⑧停止作业时，应在管柱顶部安装合格的旋塞阀（处于开位）及安装考克、压力表进行监测。

⑨冬季施工作业宜做好防冰堵措施，防止井口、放空管线和闸门出现冰堵现象。

⑩现场应配备监控系统。

⑪不应在大雪、暴雨、大雾、雷暴和 6 级以上大风等恶劣天气，以及夜间视线不明时进行起下管柱作业。

⑫同平台带压作业时，应对其他井口设置隔离措施。

⑬作业过程中随时观察工作闸板防喷器组密封情况，发现异常及时更换胶件。

⑭暂停与恢复作业时，应确认油管和防喷器内有无压力。

⑮管串内含有大直径工具时，应根据工具的长度，选择安装不同高度的工作窗。

（三）注意事项

①施工人员应穿戴好劳保用品。

②施工前分工明确，确保安全操作。

③井口周围具备足够操作空间，便于人员操作、撤离。

④施工时，做好安全防护。

⑤操作完毕要做到工完、料净。

二　带压起管柱

（一）操作步骤

①对管柱进行投堵（封堵）作业，管柱封堵完成后应验封：逐级释放管柱内压力，每

次压降不超过 5MPa，间隔时间不少于 15min，直至压力为零。观察时间不少于 30min，无溢流为封堵合格。

②在地面将悬挂器提升油管本体做好标记，提升油管顶部安装全通径旋塞阀，用液压绞车将提升油管从地面提到操作平台上，并将油管放入举升机内。

③打开全部防喷器手动锁紧装置，关闭上工作防喷器，其余防喷器全部处于开启状态。

④平衡泄压管线上的手动旋塞阀、针阀都处于开启状态；液动旋塞阀处于关闭状态。

⑤当井下管柱重量大于井内上顶力时，关闭游动承重卡瓦，打开固定承重卡瓦；反之使用防顶卡瓦。

⑥将升降机操作手柄搬至提升位置，缓慢上提井内油管。

⑦升降机升到顶部后关闭固定承重卡瓦，打开游动承重卡瓦，将升降机移到底部位置。

⑧关闭游动承重卡瓦，打开固定承重卡瓦，继续上提井内油管。

⑨将油管接箍提到上下两工作防喷器之间后，先关闭下工作防喷器，打开泄压管汇液动旋塞阀泄压，待压力为零后，打开上工作防喷器，关闭泄压管汇液动旋塞阀。

⑩继续上提井内油管，至油管接箍到上工作防喷器之上与工作窗口之下，卸掉起出操作平台的油管。

⑪关闭上工作防喷器，打开平衡管汇液动旋塞阀，待压力平衡后关闭平衡液动阀，打开下工作防喷器。

⑫重复⑥至⑪步骤，继续起油管操作。

⑬当管柱处于设计平衡点附近 100m 时，固定承重卡瓦和防顶卡瓦同时使用。

⑭起到坐有堵塞器的工作筒时，将工作筒上的油管接箍提至露出工作窗，先关闭上工作防喷器，用固定承重卡瓦卡住下一根油管本体，油缸升至最高处，用防顶卡瓦卡住坐有堵塞器的油管本体，液压动力钳咬住油管本体，慢慢旋转卸扣，打开泄压液动阀泄放压，直至卸开全部油管扣。待压力为零后，打开上工作防喷器，关闭泄压阀。

⑮分次起出坐有堵塞器的多级工作筒。

⑯起至最后两根油管时，准确丈量油管，确定油管在全封闸板之上时，关闭全封闸板，打开泄压阀泄压，待压力为零后打开上工作防喷器，提出井内全部油管。

（二）技术要求

①施工前应对带压作业设备（举升机、防喷器组、动力源、远控台、液压管线等）进行安全检查，包括但不限于举升机、防喷器组、液压卡瓦、液压绞车、旋塞阀 / 平板阀、液压钳、动力源、远控台等开关及运行测试，并根据工况调节合适工作压力。

②施工前，上下运行举升机液缸进行排气，平衡防喷器组内压力，设备井筒压力表与套压表数值应保持一致。

③施工前应根据油管类型、井口实际压力，计算管柱最大无支撑长度，设定举升机最大安全上提 / 下压力、行程，加压起、下管柱过程中，液缸行程应不大于无支撑管柱临界长度的 70%，管柱无支撑段应设有防弯曲扶正装置。

④防喷器、举升机的操作手柄应具有防止误动作的锁止装置，液压卡瓦配备互锁装置，严禁防顶卡瓦组或承重卡瓦组同时打开，严禁固定承重卡瓦和固定防顶卡瓦同时关闭。

⑤防喷器关闭压力不宜过大，保证管柱本体密封不刺漏即可，施工期间密切观察防喷器组的密封情况，发现异常及时采取应急措施。

⑥非施工作业人员不应进入高压作业区，气井施工期间防喷器远控房应安排专人坐岗。

⑦对照场地上排列的油管核对起出根数，对起出的油管进行检查并逐根编号，悬挂器等工具检查保养。

⑧作业过程中，轻管柱阶段管柱下入速度不应超过15根/h，重管柱阶段管柱下入速度不应超过30根/h。实时观察管柱悬重、井内压力、液控压力。

⑨中途暂停或停止施工：

a.井内无管柱时，应关闭全封防喷器并手动锁紧；

b.井内有管柱时，应关闭半封闸板防喷器，手动锁紧，并关闭固定卡瓦、游动卡瓦，安装油管旋塞阀（开位）、压力表观察压力；

c.停止作业时，应关闭工作防喷器和安全防喷器，安全防喷器以上泄压为零；关闭平衡/泄压管汇上的手动、液压旋塞阀。

⑩恢复作业时，应确认油管和防喷器内有无压力泄漏。

⑪管柱接箍及大直径工具通过卡瓦、防喷器时，应持续观察负荷变化。

⑫气井井内压力大于7MPa，应在同一根管柱上设置不少于2个内压力控制工具。

⑬冬季施工宜做好防冰堵措施，防止井口、管线和闸门出现冰堵现象。

⑭现场应配备视频监控系统，气井带压作业施工时应在操作台、防喷器组、固定卡瓦处等关键部位单独布设摄像机。

⑮不应在大雪、暴雨、大雾、雷暴和6级以上大风等恶劣天气，以及夜间视线不明时进行起下管柱作业。

⑯控制液压缸下入速度，注意观察悬重表，防止激烈碰撞引起液缸晃动或管柱重量较大时发生顿钻以及遇阻加压吨位过大。

⑰按照井控技术要求，坐岗观察油管和环空压力并记录，及签字确认。

⑱操作台上备用一套全通径油管旋塞阀及其开关工具，地面备用防喷单根，全通径油管旋塞阀应处于开位。

⑲为延长环形防喷器胶芯的寿命，宜在环形防喷器球形胶芯上部淋机油。

⑳管柱封堵合格后，宜向管柱内灌入一定量的阻燃液体降低封堵工具上、下压差。

㉑起管柱过程中，观察指重表变化，上提载荷不应超过最大允许举升力的85%，下压载荷不应超过最大允许下压力的75%。

（三）注意事项

①施工人员按照要求做好安全防护。

②施工人员分工明确，保持沟通顺畅，确保安全操作。

③井口周围具备足够操作空间，便于人员操作、撤离。

④施工期间，操作人员密切关注油管接箍的位置，防止液压卡瓦误夹接箍。

⑤人员替换休息时，必须对当前井况、操作过程中设备运转情况进行详细的交接。

⑥起下管柱作业时，禁止人员上、下工作平台。

⑦操作人员在配备逃生索道的操作平台上作业时，应始终穿戴安全带，以备逃生时挂逃生索道。

⑧同平台施工作业，应对其他井口设置隔离措施。

⑨施工完毕要做到工完、料净、场地清。

第三节　坐悬挂器

一　操作步骤

①将悬挂器、双公变扣运至井口处，清理双公变扣，涂抹油管密封脂，将双公变扣接在悬挂器底部，上紧。

②用擦机布将悬挂器擦拭干净，用平衡绞车吊油管吊卡到工作窗口，将油管接箍坐在卡瓦或吊卡上。

③确认环形防喷器处于全开位置，关闭下工作闸板防喷器。

④将油管悬挂器连接在工作窗内油管接箍上，将上部油管与油管悬挂器连接。

⑤将油管悬挂器下放上工作闸板防喷器与下工作闸板防喷器之间，关闭上工作闸板防喷器。

⑥打开液动平衡旋塞阀和液动泄压旋塞阀，关闭手动平衡旋塞阀和手动泄压旋塞阀。

⑦缓慢打开手动平衡旋塞阀进行压力平衡，平衡压力过程与副操手进行沟通确认，直到压力平衡后，全部打开手动平衡旋塞阀。

⑧打开下工作闸板防喷器，打开手动补压旋塞阀，缓慢下放油管悬挂器，随时观察压力情况，保证油管悬挂器上下压力一致。

⑨油管悬挂器下放到位后，指重表显示为0，观察5min，指重表不变，下压1~3t。

⑩对称松开顶丝压帽，用活动扳手对称旋紧顶丝，锁紧油管悬挂器，并测量顶丝长度，保证锁紧到位，旋紧压帽。

⑪上提测试，上提拉力高于管柱重量1~3t，观察5min，指重表无变化，正常。

⑫关闭手动平衡旋塞阀。

⑬缓慢打开手动泄压旋塞阀卸压，每次卸压3MPa，卸压后观察时长不少于5min，依次卸压，开关活动井口大闸阀释放余压，直到压力卸至0，观察30min，压力不升为合格。

⑭起出提升油管，关闭全封闸板防喷器、井口大闸阀。

二 技术要求

①坐悬挂器前需进行技术交底，全员了解坐悬挂器的流程及注意事项。

②悬挂器厂家检查各部件，确认悬挂器型号正确，各密封件完好。

③提升油管上准确标记顶丝、下工作闸板、全封闸板和剪切闸板与操作台内固定位置的距离。

④提升油管顶部连接全通径旋塞阀，旋塞阀开关灵活。

⑤准确测量顶丝旋出、旋入的长度，由施工方、悬挂器厂家、现场监督三方确认，确认无误后方可进行下步施工。

三 注意事项

①施工前做好技术交底、安全教育，施工人员应穿戴好劳保用品。

②施工前分工明确，确保安全操作。

③井口周围具备足够操作空间，便于人员操作、撤离。

④管钳、活动扳手等工具拴好尾绳，做好安全防护。

⑤使用防爆工具，操作完毕要做到工完、料净。

⑥施工时，现场作业全程监督指导，如遇阻等异常情况，及时汇报制定措施，确保施工安全。

扫一扫
获取更多资源

参考文献

［1］聂海光，王新河.油气田井下作业修井工程［M］.北京：石油工业出版社，2002.

［2］杨国圣.井下作业工艺技术［M］.北京：中国石化出版社，2013.

［3］沈琛.井下作业工程监督手册［M］.北京：石油工业出版社，2005.

［4］孙金瑜.井下作业工［M］.北京：石油工业出版社，2012.

［5］吴奇.井下作业工程师手册［M］.北京：石油工业出版社，2017.

［6］《带压作业工艺》编委会.带压作业工艺［M］.北京：石油工业出版社，2018.

［7］黄革.井下作业工［M］.北京：石油工业出版社，2018.

［8］《带压作业机》编委会.带压作业机［M］.北京：石油工业出版社，2018.

［9］王峰.带压作业技术与装备［M］.北京：石油工业出版社，2019.